我的自然观察笔记

这本书属于

～～～～～～～～～

作者简介

[韩] 高圭弘

1960年出生于仁川，大学时主修韩国文学。曾担任《中央日报》记者，目前是翰林大学兼职教授，同时担任千里浦树木园基金会学术会长。著有《大地上的大树》《寺院之树》等。

[韩] 金明坤

韩国插画家，大学主修美术教育，热爱童书绘画。著有《小石头》《想和你做朋友》等作品，深受读者喜爱。

大树长大时，
发生了什么？

讲述形态各异的大树的成长故事

[韩]高圭弘/著　　[韩]金明坤/绘　　王晓/译

北京联合出版公司
Beijing United Publishing Co.,Ltd.

用笔记定格大自然的美好瞬间

　　"现代环保运动之母"、美国海洋生物学家蕾切尔·卡逊说过："那些感受大地之美的人，能从中获得生命的力量，直至一生。"

　　这与"我的自然观察笔记"的精神是那么契合。人们在繁杂的社会里摸爬滚打，或功成名就，或坎坷万千。当你因受尽委屈和误会而心灰意冷时，大自然会是最好的治疗师。

　　"我的自然观察笔记"系列为我们展现了大自然的奇妙与博大。一只知了的叫声，能惊醒我们观看生命演绎的精彩；一朵浪花拍打海岸的响声，能带给我们自然运动的神奇；一棵久病缠身的老树，为我们阐释了万千生命相互关联的道理；那些千年古树依旧健康存活至今，这个过程中又发生了哪些鲜为人知的故事呢？我们从自然世界的细枝末节中，找到了能够给予人类微言大义的真理。

从小亲近自然，养成随时把自己看到的和想到的事情记录下来的习惯，我们就可以积攒下越来越多大自然的美好时刻，这些感想可以激发我们无限的想象力和创造力，了解发现和探索的意义；观察自然可以让我们所有的感官都活跃起来，从虫子到树木，再到自己的内心世界，让心变得更纯净、更明快……

"我的自然观察笔记"开启了科普阅读的新领域，一方面拓展孩子们的科学视野，另一方面改善孩子们的学习习惯和阅读习惯。阅读这套书，可以帮助孩子们用心感悟自然，用笔记录自然，用心阅读自然。

阅读，不仅仅是知识的积累，更是领悟精神的过程，读自然可以感悟生命的力量，参透生命的意义。

编者谨识

2013年5月27日

目 录

第1章
代表韩国情结的大树

榉树，代表韩国的大树
赤松，正直品格和坚强意志的象征
银杏树，和恐龙同时代
麻栎，村庄附近最常见的大树
木槿，曾遭受日本帝国主义的迫害

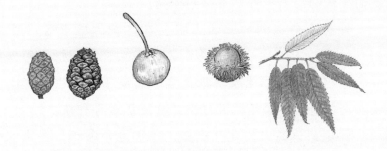

榉树，代表韩国的大树

| 榆科落叶阔叶乔木 *Zelkova serrata* |

世上没有不开花的树

你看到过榉树的花吗？很多人经常问榉树到底开不开花。事实上，榉树会开花，只是像榉树这种高大而美丽的树木，开出的花朵却朴素不起眼。因此，如果不用心观察的话，很难发现榉树的花。

但是，不要忘记，任何树木都是会开花的。因为花朵是树木种族繁殖的手段。所有的植物都是这样的，开花后，雌蕊和雄蕊经过授粉才能结出种子，进而才能繁殖下去。榉树的花只是太小不显眼而已。

榉树寿命长，树体高大雄伟。在韩国有19棵超过1000年的榉树，有16棵被指定为天然纪念物，另外，有超过6700棵被认定为特别保护树。可以说，榉树称得上是代表韩国的大树。

无蚊的清爽树荫

一般来说，很难在城市里见到榉树的身影。这是因为榉树对公共污染抵抗能力较低，很难在城市里扎根立足。可是，榉树因树姿端庄，备受城市喜爱，常种植于公园、广场等地用作观赏树，因此，在我们生活的周围也可以看得到榉树。

榉树喜好湿润的肥沃土壤。在这种土壤中可以直接播种培植榉树，但是播下的种子却不易发芽。将生长在山脚下的榉树幼苗移植栽种的话，榉树可以生长得很茂盛。因成年榉树树冠广阔，枝干繁茂，故在幼苗时期起最好把握好较宽的地基后再种植。

榉树树体高大，枝叶茂盛，非常适合乘凉，甚至蚊子都不会跑进榉树树荫下。因此，在乡下的盛夏正午，妇女们经常在榉树底下哄孩子睡觉。

花纹美丽、材质坚硬的木材

与其他树木相比，榉树木材人气持续攀高。因其材质坚硬，很好打理，是建造材料中一等一的好木材。材色自然，花纹美丽，在家具用材中也是最高级的材料。自古以来，韩国就有一种传说，庶民在松树屋中出生，用松树做成的工具生活，死后躺在松树做成的棺材里。但是，富翁则在榉树屋中出生，用榉树做成的工具生活，最后被放在榉树棺材中升入天堂。

榉树一直在我们的生活中，存在于我们的周围，经历过悠悠岁月，它承载了人们太多的希望和梦想。比如说，人们会通过观察榉树新叶冒出的模样来占卜当年是否是丰收年。占卜的方式也多种多样，有的地方认为新叶均匀茂盛的话则是丰年，有的地方则认为上侧开始冒新叶的话则是丰年。

饱含诸多情感的亭子树

榉树常被称作亭子树（译者注：供人们休息的路边大树），因为数千年来，它总是默默地站在村口或是家的周边，一边生长一边守护着村民们。人们在榉树面前也会把所有的心里话都说出来，因此，村口处的榉树身上总是萦绕着许多凄婉的故事，主要是有关村庄历史的故事，或是在榉树前发生的爱恨别离的传说。

榉树知识扩展阅读

花蕾

榉树树叶　边缘处有锯齿，俗离山附近多见基部椭圆形宽叶榉树，这种榉树即"光叶榉树"。另外，在江原道三陟市和庆尚南道咸阳常见的榉树叶片小而细长，但二者不易区分。

榉树花　非常小，性似胭腺，常藏于叶腋处绽放。4-5月份吐露新叶，此时同树上的淡绿色雌雄花也一同开放。花谢后，大约10月份结果，果实坚硬，绿色，直径约4厘米，如同干瘪的小球，十分不显眼。

槐山郡五佳里榉树
（第382号天然纪念物）

榉树枝干粗大，寿命长，作为亭子树和堂山大树多年来一直备受保护。忠清北道槐山郡五佳里榉树高30米，有超过800年的历史。这棵大树由两棵榉树组成，一上一下立在地面正中央。它好似执掌着村里的农事，一直在茂盛地生长。

亭子树 村口有一处像瓜棚一样的建筑物，被称作"亭子"，人们可以聚集在那里休息。榉树枝干向四周均匀伸展，形成宽敞的树荫，这可比人们建造的狭小的亭子舒服多了。

榉树树干 树干呈棕褐色，幼时平坦光滑，树龄长了，枝干上会有大块鳞状树皮脱落，真的称得上是"衣衫褴褛"。

幼时树干

年老时树干

叶序是什么？

叶子在茎枝上的排列方式被称作"叶序"。茎枝每节上相对着生两片叶，称为"对生"；茎枝每节上交互着生一片叶，称为"互生"；茎枝每节上许多叶簇生在一起，称为"簇生"。

天目琼花叶
对生

大山樱叶
互生

银杏树叶
簇生

赤松，正直品格和坚强意志的象征

松树科常绿针叶乔木 *Pinus densiflora*

影响韩国文化的树

自古以来，要说影响韩国的民族精神以及对韩国人日常生活影响最大的树木，自然非松树莫属，而在各种松树中尤推崇赤松。赤松常见于韩国各个地区，其珍贵性不逊于其他任何树木。不仅如此，松树还常常出现在古时儒生的文字和画卷中。在古朝鲜的画作中，如果少了松树，总会感觉似乎缺少了点什么。

庆尚北道安东有一处地方叫作"儒生院"，那里流传着有关松树的故事。相传古时候生活在天庭的成造神（译者注：成造神是韩国的家宅守护神。）下凡之后，经过多番颠沛流离，跟着燕子来到安东开始四处查看人世。但是，他发现有很多人无家可归。成造神殷切地祈祷，想要给人们建造房屋，正在这时天上落下许多松树的种子。成造神将松树种子均匀地撒在山地和平原上，种子很快发芽长成参天松树。成造神下令不许砍伐这些神圣的松树，于是这些松树茁壮地成长起来并成为一种珍贵的木材，不仅被用于建造宫殿，甚至还被称作高级木材"黄肠木"，用于制作王的棺椁。大地上松树很多很多，人们建造了很多房屋之后还绰绰有余。松树为人们营建了家园，因此人们对松树一直心存感激。

贫瘠土地上松林遍地

在韩国，几乎没有像松树一样分布如此广阔的树木。虽然松树向来喜好肥沃的土地，但是在不得不与其他种类树木进行激烈竞争的森林里，情况却有所不同。即使在土地干涸、土壤不肥沃的环境中，松树也会抢在其他阔叶树前面率先成林。因此，松林逐渐在条件并不优越的土地上成为一种最常见的树木。

但是，在韩国肥沃的土地上也可以寻见松林的身影，这里又是另一种情形。即使四季变化，松树一身青绿却不会变更，因此松树在古代被人们看作儒生正直品格和坚强意志的象征。另外，外形好的松树在建造房屋时是不可多得的好木材。因为种种原因，松树自古以来就被认作是极其珍贵的树木，不仅在长时间内没有遭到砍伐，而且在各地多处种植。如果依据自然生存法则，松树在生长过程中会被淘汰，但是因为得到了特别的保护，所以长久以来一直茂盛地生长。

松香满屋

松树的用处多种多样，作为木材用处最大。松树木质坚硬、耐腐朽，在作为木材使用时，不易弯曲和断裂，因此是建造房屋的头等材料。另外，松树特有的香气能长时间留存，如果在松木建造的房子里生活，总是会弥漫着松香。或许因为这个缘由，宫殿和寺庙主要是用松木建造。除了用于建材外，松树还用于打造衣柜、粮柜和箱子等家具，甚至在制造锹、纺车等农械用具方面也被广泛使用。

交纳土地税并发放奖学金的富翁树"石松灵"

韩国人自古以来深爱着松树。人们对其爱得如此深沉，以至于给它们制作身份证，甚至将遗产留给它们继承。庆尚北道醴泉郡甘泉面千香里石坪里有一棵美丽的盘松（赤松中的一种，其主干分出多个粗枝并向远处延伸，树冠极大），它就是主人公古松"石松灵"。

相传，20世纪20年代末，石坪村里住着一个名叫李秀睦的富翁，他没有子嗣继承财产。当地有棵古老的松树，树龄已近600年，枝叶繁茂。李秀睦从中获得灵感，为其取名"石松灵"。经过再三考虑，李秀睦认为像"石松灵"这种古老而卓越的树木应该不亚于人类，可以永久地保持这种卓越性。于是，他把自己所有的财产2000坪（6600公顷）的土地留给"石松灵"继承。

松树知识扩展阅读

雌球花

雄球花

未成熟的松果 成熟的松果 种子

松树的花 松树为雌雄同株植物，4-5月份，雌雄球花分别开放，雄球花20～30个挂在新枝基部。雄球花上沾有黄色花粉，即"松花粉"，自古以来被用于制作茶食。雌球花呈卵状，红紫色，2～3个着生于新枝近顶端。

松树的球果 松果约4厘米大，花谢后第二年的9-10月份结实。松球由70～100块鳞状物组成。球果成熟后，鳞片张开，带翅的种子脱落，随风飘向远方。

16

松材线虫病

松材线虫病自1988年在釜山金井山该病首发后，迅速在全国扩散。松材线虫病是由约1毫米大的材线虫引发的毁灭性流行病。松树一旦染病，1年内迅速死亡，十分恐怖。到目前为止，只能将感病的松树尽快找出，防止疫情进一步恶化，除此之外，别无他法。

（编者注：据不完全统计，中国自1982年发生该病后的10年间，发生面积约达38000公顷，造成松树死亡1400000株以上，损失木材50000立方米。用于病害的防治经费亦达645万元。它不仅给国民经济造成巨大损失，也破坏了自然景观及生态环境，对中国丰富的松林资源构成严重威胁。）

   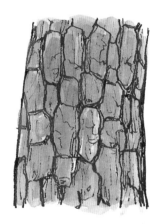

赤松叶　　　红松叶　　　白松叶

赤松的叶　叶细长，呈针状，2针一束，基部有鳞片，2～3年叶鞘脱落。红松和白松的叶类似赤松叶，也呈针状。但是，针叶数不同。赤松为2针一束，红松为5针一束，白松和刚松为3针一束。

赤松的树干　树干下部为深褐色，树皮如同乌龟背壳一样裂开，树干上部分越来越红，呈红褐色，因此称作"赤松"。

醴泉郡甘泉面石松灵（第294号 天然纪念物）　石松灵树身高10米，枝干东西伸展宽约23.3米，南北伸展约30米，十分壮观雄伟。石松灵树龄约600年，主干分出多个粗枝并向远处延伸，为"盘松"。其形成的树荫面积约为324坪。石松灵在1920年获得了身份证号码、名字和2000坪土地，每年都要按时交纳税金。另外，人们还将土地收益用作给村子里的孩子发放奖学金。

银杏树，和恐龙同时代

银杏科落叶针叶乔木 *Ginkgo biloba*

地球上最古老的"活化石"

地球上最早出现、最古老的树可能就是银杏树了。银杏树和恐龙是同时代的，因此在对恐龙时代进行想象创作的图画背景中总是有银杏树登场。银杏树出现时间约为3亿年前，在地球上出现得最早。

即便是对树的种类不太了解的人也可以一下子认出银杏树，因为银杏树的树叶形状很独特。银杏叶因在秋季染成美丽的金黄色而出名。

银杏叶宽大，人们通常认为银杏树为阔叶树，但事实上，银杏树属于针叶树。如若要区分阔叶树和针叶树，还要进一步观察树种结实的模样。依据多种标准，可以认定银杏树是针叶树。解释起来可能过于复杂和困难，但是可以这样简单地想，曾经是针叶的叶子经过漫长的岁月一个个地粘在了一起，于是银杏叶就成为现在的扇形，这样是不是就可以理解了呢？

当之无愧的行道树，叶和果实可入药

银杏树分布于全世界，但几乎都是人工培植的树种，只有在中国长江下游的银杏树是自然生长的。古时，银杏树主要种植于寺院或官办地方学校。特别是在深受儒教影响的官办地方学校种有很多银杏树，这是因为在古时孔子曾在银杏树下给弟子们讲学，种植银杏树意为"传道授业的地方"。

现在银杏树作为行道树被大量种植，不仅仅因其不易生虫、不易生病，容易培植，还因为深秋银杏叶会变成金黄色，非常漂亮，因此

最适合做行道树。

作为行道树，银杏树有一个缺点，那就是秋季结的果实会发出难闻的气味。气味是从黄色果实的外种皮处散发出来的，外种皮有毒，如果直接接触的话会令人过敏。因此最好种植不结果的雄性银杏树，但是因为幼苗时期的雌雄银杏树难以区分，因此难免会误选雌树种植。

将散发气味的外种皮剥开，是坚硬的内种皮，最里面是我们可以食用的果肉。银杏主要是烤着吃，味道不错，另外还是敛肺定喘的佳药。不仅如此，银杏叶中含有强心健脑、疏通血管的成分，因此银杏树的用途有很多。

银杏树转换性别的故事

虽然科学上很难作出解释，但是从雌性银杏树变为雄性银杏树这种事的确存在。江华岛传灯寺的银杏树和首尔成均馆大学明伦堂前院的银杏树就是这种发生性别转换的大树。

在抵制佛教的朝鲜时代，朝廷迫害寺院，并强行要求传灯寺的僧人交出远远多于寺院银杏树可以产出的银杏数量。僧人们因此总是闷闷不乐。

无奈之下，僧人们祈祷佛主，希望佛主能将这棵雌性银杏树换为一棵不结果的雄树。不知道是不是听懂了僧人们的祷告，第二年开始，传灯寺的银杏树再也没有结果。

首尔明伦堂的银杏树也流传着同样的故事。明伦堂是儒生们安静读书学习的地方。秋天到了，前院总是聚集很多村民来采摘银杏，十分喧哗。另外，果实散发的气味也很难让人忍受。儒生们忍无可忍，就像是传灯寺的僧人们一样虔诚地祈祷，于是明伦堂的银杏树叶从第二年开始变成了不结果的雄树。

银杏树知识扩展阅读

银杏叶 扇形，3～5枚着生于短枝上，呈簇生状，具清晰的叉状叶脉，细而密。

银杏树的花 4-5月份开放，雄花1～5个挂于短枝，雌花6～7个簇生开放，很小，不起眼。

银杏的果实 10-11月份结果，包有种子的果肉散发出难闻的气味。在果实上盖上草帘，外壳腐烂后会很容易剥开。

树奶 只能在银杏树上看到的奇特现象。古老的银杏树枝上常悬挂着大小不等、长短不齐的乳状物，这种乳状物呈"钟乳"状，俗称"树乳"、"树奶"、"树钟乳"、"树瘤"。植物学界称为"钟乳枝"。钟乳枝是银杏树为了呼吸伸出的"气根"。此种现象多出现在温暖潮湿地带。

隐芽 银杏树是隐芽发达的树种之一。在长久的岁月里，隐芽依附在树干上生长，有时会长成树干一般粗壮。甚至在主干腐烂之后，隐芽会在周边萌发，维系大树的生命。

银杏化石 银杏树是从古生代（5.8亿年-2.25亿年前）开始，经历冰川时期所遗留下来的植物。银杏树化石的叶子和如今叶子的大小差不多，因此银杏树被称为植物界中的"活化石"。

花费23亿韩元移植的大树

庆尚北道安东市龙溪里有一棵巨大的银杏树。但是在1987年，当地要修建一处堤坝，银杏树面临即将被水淹没的处境。人们惋惜大树美丽的树姿，于是在大树旁边建造了一处15米高的假山，然后花费了4年多的时间将这棵银杏树移植到了假山顶端。这一过程花费了23亿多韩元。

杨平郡龙门寺银杏树
（第30号 天然纪念物）
京畿道杨平郡龙门寺的银杏树是韩国
现今存活的最大最古老的银杏树，也
是亚洲最大的一棵银杏树。相传新罗
敬顺王之子麻衣太子，由于感叹新罗
之灭亡，悲痛至极，故遁世入金刚
山，而于途中栽植此树。据传说推
测，该树树龄已达1100年。1962年被
指定为天然纪念物，当时测量的树高
60余米，最近韩国文化财厅经过重新
测量认定该树已高达67米，相当于20
层建筑物高。

麻栎，村庄附近最常见的大树

| 壳斗科落叶阔叶乔木 *Quercus acutissima* |

"栎树"和"橡子树"

在韩国森林中最常见的树是什么呢？如果问村里的人们，或许人们会谈起"橡子树"。但是，事实上没有叫作"橡子树"的树。人们只是简单把结橡子的树称作橡子树而已。其实所谓的橡子树是"栎树"。栎树事实上是壳斗科的一个属，只是植物的综合性名称而已。

槲栎、栓皮栎、枹栎、槲树、蒙古栎、麻栎等树都属于壳斗科。这些树形态虽略有不同，但其果实都是"橡子"。另外，像海南郡、菀岛郡等南方地带的常绿阔叶树小叶青冈（壳斗科）和青冈栎（壳斗科）也都结橡子。

壳斗科的树种是韩国山地和平原最常见的树种。这些树木相互之间很难区分。因为原本形态就相似，加之常与其他树种混植，因此种类比较复杂。

曾被当作贡品呈上御膳桌的麻栎

要说在我们附近最容易找得到的、用途最多的壳斗科树种当然是麻栎了。如果要说数量的话，蒙古栎最多，但是蒙古栎长在高山半山腰的森林中，而麻栎却是在村庄附近寻常可见的，而且果实也最大，用途也最广泛。

麻栎曾被当作贡品呈上御膳桌，这要从朝鲜时代壬辰倭乱时说起了。当时的大王朝鲜宣祖（1552-1608）为了躲避战争离开了皇宫，因战乱中食物不充足，大臣们用麻栎的果实捣成橡子粉献给大王，朝鲜宣祖十分爱吃。战争结束后，朝鲜宣祖回到宫中仍继续食用。因此当时在民间人们都把麻栎叫作"呈上御膳桌的树"。

从橡子粉到栎木炭

麻栎作为木材木质坚硬，不仅常作为建筑用材，而且也可作为燃料和木炭使用。另外，果实还可做橡子粉食用。麻栎用途广泛，自古以来韩国人民就把麻栎称作树中的"真正之树"。

因用途广泛即将在我们身边消失的树

虽然韩国有很多关于麻栎等壳斗科树木的传说，然而，事实上，壳斗科树木历史并不是很久远。因其用途广泛，经常被砍伐，因此与人类关系密切，但是麻栎树中却没有一棵被指定为天然纪念物文化遗产。

常见的蒙古栎和枹栎也是同样的情况，或许是因为和人类太过于亲近，反而不能被指定为珍贵的树种。只有一棵槲栎和两棵栓皮栎被指定为天然纪念物。

蒙古栎
据说古时樵夫的
草鞋底磨破了，
就用蒙古栎的树
叶铺垫。

槲栎
深秋，槲栎叶变得
火红火红的，十分
壮观。

麻栎
传说古时人们将麻
栎树的果实捣成橡
子粉呈献给大王。

枹栎
叶片较小，可
饲养柞蚕。

栓皮栎
木栓层发达，树皮
深纵裂，因此也被
称作"粗皮栎"。

槲树
叶片入秋呈橙
黄色且经久不
落，季相色彩
极其丰富。

天牛和壳斗科树木　壳斗科树木的树液很容易招来昆虫。深山锹形虫、艳金龟、飞蛾、蝴蝶和蚂蚁都会来吸食树液。其中枹栎天牛会破坏树干并把卵产在里面。1周后，幼虫出壳后就会啃噬树干的木质部，3—4年之后，会蜕变为成虫，从树干内部穿洞而出。

香菇和麻栎　麻栎在培植用途广泛的香菇时是不可或缺的树木。用钻孔机在麻栎上打洞，将香菇种菌放置进去，然后将入口处封住防止水分蒸发，这样就可以培植出美味的香菇。

栎木炭　木炭用于吸附灰尘和洁净水质。麻栎也常用于制作木炭中的绝佳木炭"栎木炭"。

壳斗科树木和松树之间激烈地争斗

松树为了自身的生存，会在根部放射出毒素来抑制阔叶树木进入松树林。阔叶树壳斗科树木为了躲避松树的毒素，会在叶子长出之前费尽力气努力地扎根于土壤深处。漫长的时间过去了，阔叶树木长得比松树更高更大，宽阔的树叶抢夺了更多的阳光。长此以往，喜爱阳光的阳地植物松树就会懈怠下去，从森林中消失。在看起来一片和谐的森林中，阔叶林和针叶林无时无刻不在进行着激烈的生存之战。

木槿，曾遭受日本帝国主义的迫害

| 锦葵科落叶阔叶灌木 *Hibicus* |

无穷无尽之花

最能体现韩国季节特征的树木之一就是"国花"木槿。木槿意为"无穷无尽之花"。槿花朝开暮落，但每一次凋谢都是为了下一次更绚烂地开放。一棵木槿会开出1000~3000朵花。

美丽的木槿花和其他任何花都不一样，无论是单瓣、重瓣，还是半重瓣，都是以同样的姿态开放。单瓣木槿花的花叶裂片为5，花色是多种多样的，主要是淡紫色和白色，也有基部红色、边缘白色或基部白色、边缘红色的花种，还有的花种为单一颜色。

木槿品种繁多，千姿百态，普通花种的花茎从下部开始向上直直地分出多个花枝。但是，也有的花种是花茎笔直地向上生长，大约长到成人腰部的高度后分为多枝。

寒冷、干旱，梅雨季无法阻挡的生生不息之花

木槿适应性极强，除了寒带，在世界各地都可生长。木槿花耐寒，对初春的到来显得有些迟钝，木兰和连翘等迎春之花含苞待放之时，木槿依旧未吐露新芽。另外，将木槿的花枝剪下插入土壤中极易成活。只要阳光充足，土壤透水性好，即便是遇到了长时间的干旱和漫长的雨季，木槿依旧生生不息地开放生长。

木槿对于昆虫来说营养十分丰富，总是吸引各种各样的昆虫，尤其是木槿花幼枝上会沾有很多蚜虫。木槿的根、茎、叶、花和果实都是十分珍贵的药材，其根茎含有的成分可用于治疗痢疾、脱肛、白带、疥疮、痔疮和脚气等。

全世界有多达300多种花种

韩国自古以来就多栽植木槿。檀君建国时期就有了对木槿的记录。

木槿多做绿篱用，几乎长期处于放任的状态，因此对木槿的保存工作一直没有形成完备的系统。直到1960年后期开始，首尔大学农学院引进了新品种，木槿才开始有了韩式的名称。有和平、玉兔、暴风雪、山少年、初恋、三宝鸟、羞涩、一片丹心、新日、天长地久和宝蓝等木槿为韩国固有品种，另外还有一些从外国野生引入品种上授粉形成的新品种。

默默培植木槿的民众

日本侵略时期，木槿遭到了迫害。在人类历史上，因为政治因素，树木遭到迫害的例子也是有的。日本帝国主义政治家们不断制造流言，说人们看到木槿后眼睛会有红血丝，是"眼中血之花"，说摸到木槿手上会生疮，并更名为"疮疖之花"，以告诫人们木槿是"不能靠近的花"。但是，民众认为，哪怕只保护一丁点儿的木槿，也是为了自己不能在独立运动中抗战做出的赎罪，于是普通民众就这样饱含着怜惜之情默默地培植木槿。

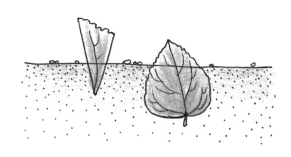

木槿知识扩展阅读

木槿　木槿和山茶花一样都是花瓣美丽的树木，为了呈现其多姿多彩的花朵，人们培育了多种品种。木槿花种繁多，千姿百态。如在韩国，木槿中有类似静寂路、嫩恋、山少年等色彩缤纷的花名，花的姿态也是多彩美丽。

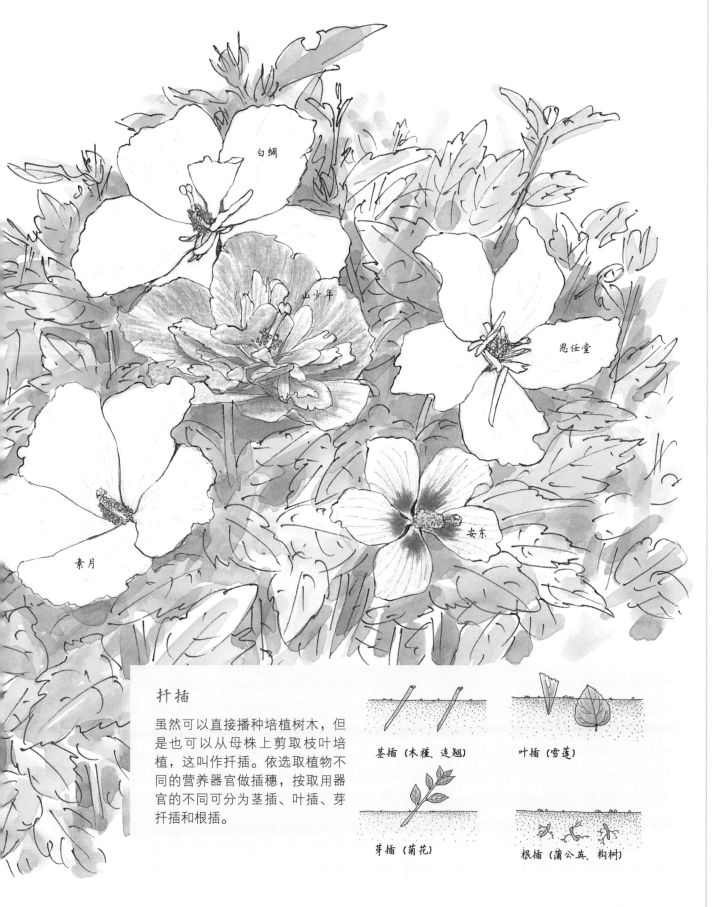

白绸

山少年

思任堂

素月

安东

扦插

虽然可以直接播种培植树木，但是也可以从母株上剪取枝叶培植，这叫作扦插。依选取植物不同的营养器官做插穗，按取用器官的不同可分为茎插、叶插、芽扦插和根插。

茎插（木槿、连翘）

叶插（雪莲）

芽插（菊花）

根插（蒲公英、构树）

第2章
使用价值极高的大树

刺楸，可以驱逐鬼怪
大叶白蜡树，从古代兵士的长矛柄到当作打人时用的藤条
桑树，家蚕的饲料，丝绸制品的功臣
泡桐树，如果生了女儿，就种一棵泡桐树
多花紫藤，制造阴凉，方便人们休息

刺楸，可以驱逐鬼怪

| 五加科落叶阔叶乔木 *Kalopanax pictus* |

可消灾驱魔的树姿

树木不仅仅单纯地起到美化周边环境的作用，而且还守护着人们。古时人们就相信看到一些树木的姿态就可以消灾除魔，刺楸就是这类树木中的一种。人们一直认为刺楸可以驱逐牛鬼蛇神，因此人们常在家中种植刺楸或将刺楸的树枝挂在大门上。或许人们认为刺楸树身布满硬荆棘，粗壮高大，看起来可以消灾吧。古人相信在鬼怪要翻墙进入家里面的时候，如果在衣角上挂上刺楸枝，就可以将鬼怪吓跑。

人们深信，用刺楸的树枝做成六边形的玩具，放置在小孩子的腰间，可以驱走所有病魔和不吉祥的事情。

粗硬的荆棘守护自己

刺楸的新芽不仅仅是动物的食物，对于人们来说也是一种美食。另外，放有刺楸的树皮炖出的鸡是夏季最佳的补食。作为食材用处广泛的树木其实也有着烦恼。它们还未完全长大之前，就成为草食动物或人们的食物，这样下去，这些树木成长的领域渐渐缩小，连种族延续这种最起码的事情都变得困难。因此，这些树木经过漫长的岁月，以自己的方式存活了下来。

枝叶美味的树木树干上总是长有尖锐粗硬的荆棘，刺楸便以此来保护自己。树叶和树枝变异后成为粗刺，刺楸幼苗时期树干上就挂满了粗刺来防止动物靠近。这种树木存活下来后，逐渐地，树干变得粗壮，长成大树后，再也不需要粗刺了，因为这些大树有了自信不让自己成为野兽的食物，这时候树干上的荆棘就慢慢地脱落了。因此树龄大的刺楸是没有刺的。

刺楸的树皮在中医学中称作"海桐皮"，有止咳、化痰、缓解神经疼痛等功效。刺楸作为木材相对使用较少，但是因其木质表面有光泽，花纹细腻明显，也用于制作寺庙中的器皿。

在壬辰倭乱等战乱中守护村庄的大树

刺楸幼苗时期长有很多荆棘，因此几乎没有旁枝，只有树干笔直地向上生长，这是刺楸的特征。只有长到一定高度后，刺楸的树枝才向一旁伸展，最后长成枝叶繁茂的大树。

从古时起，人们就一直认为刺楸是神圣之树，因此很容易在村庄里找到一棵巨大的刺楸。刺楸生长茂盛的话，可以长到30米高。因为比其他树木要长得快、长得高，而且寿命长，因此刺楸多作为村里的亭子树培植。有时也会被人们当作守护村庄的大树，接受人们的尊重和侍奉。

全罗北道茂朱郡雪川面就有一棵代表性的树，同样是为了守护村庄而栽种的。这棵树是壬辰倭乱时期藏身于村庄的人们为了躲避战争、保护村庄而种植的。虽然已被指定为天然纪念物，但可惜的是，这棵树已经停止了生命活动，只剩下空空的树木框架，变成了一棵普通的大树。即便如此，村里的人们依旧认为它是可以守护村庄的大树。

刺楸知识扩展阅读

三陟港近德面冬日刺楸（第363号 天然纪念物） 韩国树龄最高的刺楸，高20米，树身周长5.2米，此树作为村庄的守护神一直在保护着村民，在同一个地方生长了1000多年。据说该树所在的位置是高丽最后的王恭让王（1345-1394）曾藏身的院子。

刺楸 叶 大而宽，掌状5~9裂，叶柄细长，具粗刺。类似泡桐树叶，因此也被称作"带刺的梧桐叶"。7-8月份呈伞形花序聚生状绽放。

刺楸 连理木 枝条连生在一起的树称作连理木。把两棵幼苗刺楸树干上的树皮剥开，将裸露部分捆扎在一起，几年后，就会成为长在一起的连理木。

刺楸 树干 幼苗刺楸的树干和枝干上总是布满可以保护自己的粗刺，长到一定程度后，粗刺就全部脱落。因为树身上的刺又粗又尖，刺楸也被称作"钉木树"。

树叶的多种形态

世界上每个人的面孔长得都不一样，自然双胞胎也会有些微的差别。根据生长的环境和时期以及树木种类的不同，树叶同样会呈现出多种状态。

紫丁香叶
卵形

叶片呈卵形的树木有紫丁香和枣树等。

白木兰叶
倒卵形

叶片呈倒卵形的树木有白木兰和紫木兰等。

柳树
长矛状

叶片如同古代战争时使用的长矛一样，朝鲜垂柳和柳树的叶片都是这种。

松叶
针状

叶片像针一样细长，末端尖锐，松树和红松属于此类。

木瓜树叶
椭圆形

叶片中间略宽，两端逐渐变窄，木瓜树和苹果树树叶属于此类。

东北红豆杉叶
线性

叶缘两侧平行，东北红豆杉和杉松等的叶片呈线性。

菠葜叶
圆形

叶片整体呈圆形，菠葜、连香树等属于此类。

叶缘

叶片的形态各不一样，仔细观察的话会发现叶缘也是不同的。有笔直的，有齿状的，也有类似鸡爪槭叶掌状的，等等。

柿子树叶
全缘

叶缘光滑无凹凸，柿子树和连翘等属于此类。

榉树叶
锯齿状

叶缘处有凹凸不平的锯齿，榉树和山茶等具此种叶缘。

波状叶
椭圆形

叶缘呈波状，斛树和蒙古栎等具此种叶缘。

大叶白蜡树，从古代兵士的长矛柄到当作打人时用的藤条

| 木樨科落叶阔叶乔木 *Fraxinus ryhnchophylla* |

切面花纹美丽的树木

大叶白蜡树木材旋切面常呈花纹状，十分美丽，也被称作花曲柳，白蜡树中的一种。

古代儒生求学时常用白蜡树的树枝做打人用的藤条，以此不断激励督促自己。因此据说儒生高中科举衣锦还乡之时，首先要给村口处的白蜡树行礼，以感谢白蜡树对自己的培养之恩。

白蜡树木质坚韧，弹力强，作为藤条的替代品是最好不过的木材。用白蜡树枝条鞭打教训人时会比用其他树枝鞭打教训人更疼，但是不会出现伤口，因此非常适合用。

白蜡树是古时农村不可或缺的重要树木，常用于制作类似木车、木枷等材质坚硬的器具。

西方古希腊神话传说中的古希腊战士阿喀琉斯就是使用白蜡树做的长矛作战的。尤其是在青铜器时代，青铜制作的武器，即长矛和盾牌等的柄与把手部分也都是用白蜡树制成的。

白蜡树易燃，即使是潮湿的柴火也能轻易点燃，因此多用作燃料。如今的用途更加多样化，多用于制作木棍、网球拍、滑雪板等。

军队中也有历史悠久的大树

白蜡树在中国和韩国都有分布，常在山脚或山谷生长，幼苗时期喜阴凉，成树之后则改变性情喜欢明亮的阳光。

白蜡树属的树种包括比大叶白蜡树个头小的小蜡树，高达40米的美国白蜡树，还有高大的欧洲白蜡树等。

树木用途广泛自然就不会存活太长时间。在完全长大之前，就要马上被砍掉使用。因此如果放任白蜡树生长的话它可以长到15米，但是目前所见到的只长到3米高。当然也有经历过漫长岁月洗礼后长了300多年的大叶白蜡树，该树已被指定为天然纪念物。此树目前生长在军队的射击场中，人们很难近距离看到，想必是在生长过程中巧妙地躲避了人们的斧头后千辛万苦存活下来的大树吧。

用白蜡树造人的"奥丁"（Odin）

　　北欧神话中提到最初创造人类的材料就是白蜡树。在人类诞生之前，神的世界里有一棵巨大的白蜡树，叫作"世界之树"（Yggdrasil），这棵树的巨大枝干构成了整个世界。

　　这棵树将根部延伸到了神和巨人的灵魂世界。每部分的根牵引着三处泉水的生命之门，这三处泉水分别掌管命运、智慧和生命。有一天，北欧的主神即战神奥丁将自己吊在这棵树上，从而获得了智慧。

　　那个时候，神的世界里是充满着邪恶和犯罪的血腥战场，最终神的世界迎来了终结。一切都死亡了，只有白蜡树活了下来。奥丁就在这凄凉的废墟中创造了新生命。

　　首先，奥丁用白蜡树的底部创造了男人，并砍下白蜡树旁榆树的树枝创造了女人当作男人长久的伴侣。奥丁创造的男人和女人以清晨的玫瑰花为食生活，据说他们就是代替神的世界而在新生大地上构筑安乐园的人类的祖先。

白蜡树知识扩展阅读

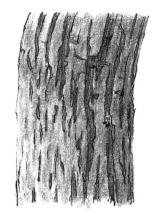

白蜡树树干　幼苗树干上有一层白色斑点状的保护色，长成大树后逐渐消失。

白蜡树树枝　将白蜡树树枝剪下放入水中会变成蓝色。但是不会很快变色，如果想要快速变色的话，可以将树枝捣碎后放入水中。（译者注：此段论述未找到国内相关材料和记载。）

白蜡树树叶　叶对生，小叶5~7个，羽状复叶。小叶呈卵形，顶端渐尖。秋季叶片变为金黄色，非常美丽。5月份，新枝末端绽放淡绿色花朵。

白蜡树果实　9月份左右结果，果实2~4厘米大小，细长扁平。果实虽只有一侧带翅，但可以承受种子的重量和体积，将其带到远方。霜降之前收获果实，第二年春天挑选肥沃的土壤栽培即可出芽成活。

叶片的种类

树叶一般分为单叶和复叶。单叶指的是叶柄上只着生一片树叶，复叶指的是一个叶柄上着生多个小叶。胡枝子树叶为三出复叶，木通树叶为掌状复叶，小叶5片。也有类似花楸木一样的羽状复叶。

毛赤杨树叶
单叶

胡枝子树叶
三出复叶

木通树叶
掌状复叶

花楸木树叶
羽状复叶

华城市西新面白蜡树（第470号天然纪念物）
京畿道华城市西新面前谷里有一棵350岁的白蜡树。该树高27米，十分壮观。这是到目前为止存活下来的最高最美的白蜡树。在朝鲜战争之前，村民一直在该树下举办堂山节，祈祷其保佑村子的平安。

桑树，家蚕的饲料，丝绸制品的功臣

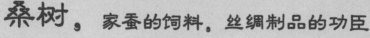

| 桑科落叶阔叶乔木 *Morus alba* |

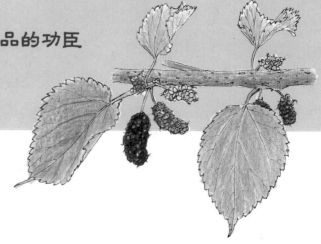

"噗噗"放屁的桑树

在韩语中桑树的名字音译为"噗树"，一听到桑树的名字就想到了放屁声。事实上，桑树的果实桑葚有助于消化，人们吃下去之后会噗噗地放屁，因此才有了这个名字。

关于桑树的有趣的话特别多，例如，韩语中有个俗语叫作"既见郎君又采桑叶"。古时年轻的姑娘们很难与男子自由会面谈情说爱，因此姑娘们以采桑为借口到茂盛的桑田中和村里的小伙子约会，这个俗语就是这么来的，意思就是既可以到桑田采桑叶，又可以在那里见到心爱的人，比喻做一件事得到两样好处，就是一举两得的意思。

农业社会不可或缺的贵重树木

在韩国新罗朴赫居世时期（BC 69-AD 4）就有了养蚕的记录，高丽和百济也有类似的传说，由此可知，朴赫居世时期之前就已经开始养蚕了。

在韩国，栽培桑树最多的时期应该算是朝鲜时期了。那时候，养蚕最多的地方是首尔的蚕室。"蚕室"的意思就是"养蚕的地方"。现在，蚕室的桑树早就已经砍光了，到处都是高楼大厦。但是，世宗时代（1397-1450）种植的数百年的桑树依旧在蚕室保留着，已经被首尔市指定为地方纪念物被保护起来。但是，该树生命已经完结，只是维持了树木的容貌而已。

桑树有很多品种，在平原上培植的普通桑树就不用说了，还有在山地上自然生长的山桑，比桑树低矮的毛桑（译者注：学名Morus

40

tiliaefora），树干上有刺的柘树，树枝向下低垂的垂枝桑等。

叶、果实、枝条和树皮用途广泛的树木

桑叶是蚕的食物，果实桑葚则是孩子们喜爱的水果。将桑葚放在嘴里咬一会儿，舌头和嘴唇都会被染成黑色。熟透的桑葚可以用来酿酒，是公认的高级酒。

除此之外，桑树枝条是很好的燃料，也用于制作弓。桑树树枝做成的弓常在军事上使用，民间却相信桑木弓具有驱鬼的功效，因此认为桑木弓是神圣的。在古时，男婴诞生之后，就用桑木弓向四周射箭，以保佑男孩的前程一片光明。另外，枝叶和桑皮有时也用于布料的染色。

目前，桑树上寄生的桑耳、以桑叶为食的蚕和冬虫夏草，是临床上经常用到的效果极佳的名贵药材。

马头娘的传说

古时人们为了祈祷桑树生长旺盛，养蚕业发达，甚至会举办祭祀，祭祀中祭拜的神叫作"马头娘"。相传，远古时代中国某个村子里住着一位姑娘，她的父亲外出不归。姑娘思父心切，立誓说，如果谁能把父亲找回来，就以身相许。家中的白马听后，飞奔出门，没过几天就把父亲接了回来。但是人和马怎能结亲？这位父亲为了女儿，就将白马杀死，把马皮剥了下来。但是有一天，姑娘经过马皮旁边，马皮突然飞起将姑娘卷走。

过了几天之后，人们发现马皮和姑娘悬在一棵桑树上变成了蚕，之后人们就叫这个姑娘为马头娘，养蚕的人家在蚕旁供奉上马皮，以此祈祷养蚕兴旺发达。

桑树知识扩展阅读

桑树树叶 叶互生，卵形，边缘有粗齿。花期5-6月份，此时其他春花早已凋谢，桑树叶腋处才绽放淡绿色花朵，这样就不会在春寒料峭时节不知不觉地凋零了，人们都说桑树懂得"等待的智慧"。

桑树果实 果实桑葚在花朵凋谢时分开始结果。果期6月份，果实稍长，呈椭圆形，偶尔也呈不规则形。最初是红色，熟透后变成紫色或黑色。味道甜美，是农村孩子们爱吃的浆果。

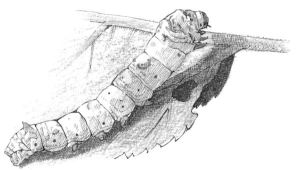

桑树和农耕文化 绸缎自古以来就被认为是和金银珠宝一样贵重的财产。一只蚕可以产1200米长的丝，将丝纺织后就是绸缎。因此如果要想制造丝绸就必须要养蚕。蚕最喜欢的食物就是新鲜的桑树叶。因此农村附近的田地里总是种有桑树。

常绿树和落叶树

一年四季都有绿叶的树木被称作常绿树。常绿树中有类似赤松、红松等叶片细长的"常绿针叶树"和类似圣诞树等叶片宽阔的"常绿阔叶树"。落叶树指的是冬季叶片掉落的树木，落叶树中有长白落叶松和落羽杉等"落叶针叶树"，也有类似榉树一样的"落叶阔叶树"等。

旌善郡凤阳邑桑树（江原道纪念物第7号） 为了采摘桑叶而培植桑树，久而久之就会发现桑树很难长到人够不到桑叶的高度。这是因为人们为了方便采摘桑叶，大刀阔斧地剪断桑树不断生长的枝干，让桑树呈现向两侧生长的模样。但是，如果放任桑树生长的话，桑树可以长到很高。江原道旌善郡凤阳邑有一棵非常大非常美丽的桑树，树高25米。该树前面就是济州没落高氏一族的老家，建造房屋的人500年前就种植了这棵桑树，他的子孙一直用心培育这棵树，才长成如今这般姿态美丽的大树。

泡桐树，如果生了女儿，就种一棵泡桐树

| 玄参科落叶阔叶乔木 *Paulownia* |

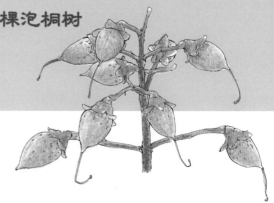

女儿出生时要栽种的树

相传古时候，人们为了纪念特别重要的事情就要栽种树木。现在，我们同样会栽种纪念树。但是，有什么开心和重要的事情值得栽种树木呢？

古时候，人们生了孩子就会种一棵树。如果生了儿子，就种一棵赤松或是红松；生了女儿，就种一棵泡桐树。等到女儿出嫁时，这棵泡桐的木材可以为女儿打出全套嫁妆家具。据说，泡桐树生长极快，等到女儿出嫁时，应该大到可以为女儿打造一套嫁妆了。

宽大的树叶告知秋天到来的讯息

泡桐树生长茂盛的话可以长到15米，给人印象最深的就是它宽大的树叶。因其原本树叶就宽大，秋天树叶凋落之时，和其他树木落叶不同，泡桐树以其大而显眼的落叶让人们意识到秋天真的到来了。

泡桐树生长极快。或许是因为叶片宽大，易于接受阳光，因此能量充足，比其他树木生长得更快。

有的地方把泡桐树错认为食茱萸。最近有研究发现，在泡桐生长的周边，地下水中和土壤内部动物垃圾有减少的迹象。泡桐若要快速生长，会吸收根部周边的肥料，而动物垃圾如果腐化适当的话就成为泡桐的肥料。因此，泡桐可以快速分解动物垃圾，减少土壤污染。

用于制作嫁妆、书桌，也用于制作高级乐器

大部分生长周期短的树木木材都比较软，因此不适合用作家具材料，但是泡桐却不是这样。泡桐的木质轻便，摩擦力强，不易发霉，耐潮湿，因此是制作嫁妆和书桌等家具的好木材。另外，泡桐还用于制作保管国家重要文件的保管箱。

泡桐另一重要的用途就是制作乐器。从伽倻琴到长鼓，韩国的木制乐器大部分都是用泡桐制作而成的。这是因为泡桐木质传声效果好。另外，泡桐树叶有杀虫效果，因此古时农村家庭旧式卫生间内要放入泡桐树叶来祛除臭虫和臭味。

泡桐树叶上的阴谋

全罗南道丽水有一个小岛，叫作泡桐岛，意为"泡桐树多的岛屿"，因为从远处看的话，小岛整体就像一片巨大的泡桐树叶一样。但是，现在在岛上找不到泡桐了。高丽时代有一个叫作辛旽（？－1371）的僧人将泡桐岛上的泡桐树错当作梧桐树，认为这会引来凤凰，或许这里会产生另一个王，因此将所有的泡桐都砍掉了。

另外也有因泡桐宽大的树叶引发的不吉祥之事。朝鲜中宗时期（1488-1544），当时有一位儒生叫作赵光祖（1482-1519），他是主张传统理学的政治家。他的改革政策力度很大，因此反对他的人们开始秘密谋划莫须有的事件来打压他。

那些人在宽大的泡桐树叶周边涂上蜂蜜，涂上"走肖为王"的字样，蜂蜜最初没有颜色，树叶上看起来没有任何痕迹，但是当喜食蜂蜜的昆虫开始啄食树叶之后，就显现出了字迹。中宗看到后以为赵光祖想要自立为王，因字样合在一起为"赵为王"，因此将赵光祖流放外地，最后以毒药赐死。这就是泡桐树叶上区区几个字引发的阴谋，后世称为"己卯士祸"。

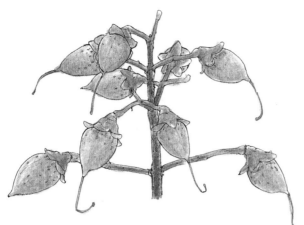

泡桐树果实　果期为10月，果实呈卵形，尖端，无毛。大约3厘米，果实成熟之后裂为两半。

裂开的果实

 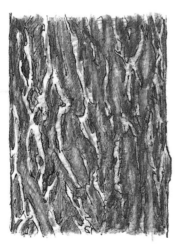

梧桐树干　　　　　泡桐树干

梧桐　梧桐（梧桐科）与泡桐类似，叶片宽大。但是与泡桐不同的是树干像竹子一样呈现绿色。

泡桐花　泡桐算是花朵美丽的树木之一。花期为5-6月份，在树枝末端开放，气微香。花朵为合瓣花，呈钟状，末端有5片不规则的裂片。

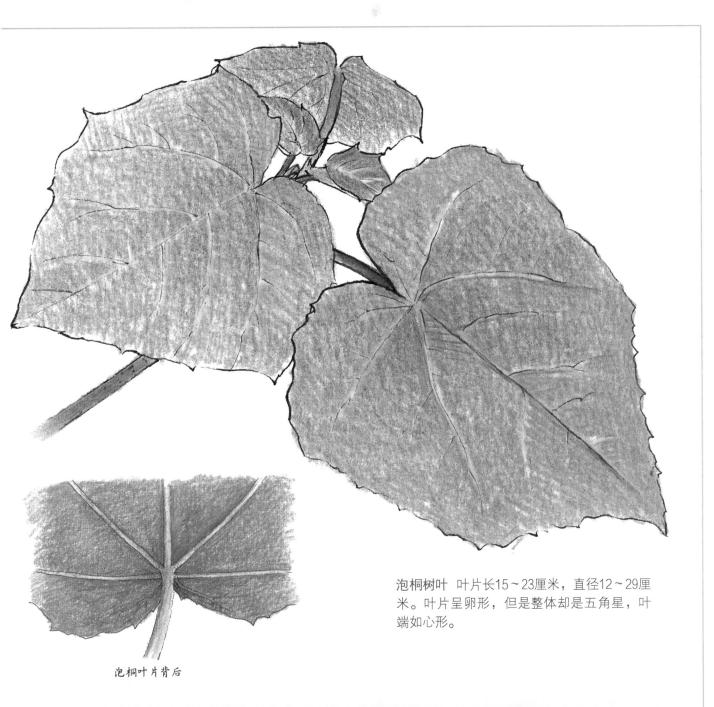

泡桐树叶　叶片长15～23厘米，直径12～29厘米。叶片呈卵形，但是整体却是五角星，叶端如心形。

泡桐叶片背后

泡桐树和毛泡桐树

泡桐树和毛泡桐树很容易混淆，但是，可以通过花轻易区分开来。毛泡桐树的花内部有长长的紫色斑线，而泡桐花则没有。

泡桐树 花

毛泡桐树 花

多花紫藤，制造阴凉，方便人们休息

| 豆科落叶藤本植物 *Wisteria floribunda* |

植物神秘的生存战略

多花紫藤为人们遮挡烈日，提供阴凉，是公园长椅旁边最常见的植物。多花紫藤像爬山虎一样不能单独站立，而是要攀附在其他植物的枝干上生存的藤本植物。虽然看起来复杂又不规则，但是多花紫藤的藤蔓却自有一番缠绕的规则。如果观察大团大团的藤蔓，就会发现多花紫藤是沿着同一个方向缠绕着向上生长。

多花紫藤只生长于中国、韩国和日本等东亚国家。多花紫藤生长十分茂盛，人们开始对其产生非议，认为它同葛等蔓藤植物一样会破坏生态圈。其他植物为了抢占地盘相互之间展开十分激烈的生存战斗，而多花紫藤却依附在其他生命体上生长，甚至蛮横地抢夺其他植物应该获取的阳光，这是打破森林秩序的破坏者。但是，事实上，多花紫藤虽然攀附在其他植物身上生长，但是却与那些抢夺营养的寄生植物不同。多花紫藤自己进行光合作用，是可以自己制造营养维持生命的植物。

公共污染抵抗力强，生命力旺盛

多花紫藤不仅耐寒，而且对公共污染有着强大的抵抗能力，因此多用作城市中的庭院树被大量种植。另外，它对土壤要求不高，在全国各地都可以生长。但是，在水分充足、肥沃的土壤中会生长得更好。

在韩国天然纪念物中，野生的多花紫藤群落地中有一棵很久之前种植的多花紫藤。釜山东莱的梵鱼寺后山的多花紫藤群落地已被指定为第76号天然纪念物，被培植的树木中，有首尔三清洞国务总理公馆的第254号天然纪念物多花紫藤以及庆尚北道庆州市干谷面五柳里的第89号天然纪念物多花紫藤。

两姐妹与青年的爱情故事

庆州五柳里的多花紫藤有着和其姿态一样的缠绵故事。古时候，当地有一座莲池叫作"龙林"，附近有一对心地善良的小姐妹，她们两个心中深爱着一个仪表堂堂的青年。

但是有一天，青年离家远赴战场，姐妹两个都在家苦苦等候他。那个时候，姐妹俩才知道大家爱上了同一个人。她们两个意识到这是场没有结果的爱情，因此纷纷投身于莲池中，结束了性命。

不久之后，青年回到了村庄，听说了两个姐妹的故事后十分伤心，于是跟着姐妹也跳入了莲池。第二年，莲池周边长出了一棵朴树，就像那个青年一样英俊，旁边摇摇晃晃冒出了两株多花紫藤，魅力多姿，缠绕着朴树向上生长。人们看到之后都说，那是爱着青年的两姐妹的灵魂幻化成了多花紫藤。

以藤比喻人类生命线的佛教故事

佛教中流传着一个有趣的故事。有一个人为了躲避旷野上大象的冲击，抓着长长的蔓藤落到井里并藏身于其中。但是，井底有一条龙在张口等着他跌落，而在井中间的墙壁上有四条毒蛇同样朝他吐着芯子。祸不单行，此时有一只老鼠在啃蔓藤，蔓藤随时都可能断裂。这真是生命攸关的瞬间啊。

突然，蔓藤树枝中间挂着的蜂窝里流出香甜的蜂蜜。这个人伸头去舔食蜂蜜，吃得津津有味，因贪恋蜂蜜的香醇甘美，全然忘记自己的处境。

这个故事嘲讽人类在生命极其危险的时刻却不能醒悟，而愚蠢地想要眼前的一点香甜和好处。这就是将藤比喻成人类的生命线的佛偈"岸树井藤"。

多花紫藤知识扩展阅读

多花紫藤的叶 夏季枝叶繁茂，会呈现出凉爽的树荫。叶片先端渐尖，呈椭圆形，一般叶柄上聚生13~19片小叶，羽状复叶。

多花紫藤的树干 树干无法独自笔直地站立，要依附在其他物体上生长的植物被称作藤本植物。多花紫藤就是这样需要缠绕其他物体生长的藤本植物。

多花紫藤的果实 花落之后，会结出如同豆荚一样的果实。果实上有茸毛，9月份成熟后会自动裂开。种子炒食味道十分香。

多花紫藤的花 花期4-5月份，蔓藤枝干上的树叶长出之际，花朵同时开放，浅紫色的花朵像葡萄一样成串挂在树枝上，蔓藤向下低垂有20~30厘米长。花开后会持续20天，散发隐隐约约的清香。

高敞郡三仁里的日本常春藤（第367号天然纪念物） 全罗北道高敞郡三仁里禅云寺
入口处溪边的藤本植物中有一株日本常春藤（五加科）。该树扎根于绝壁之下，围
绕着整个悬崖峭壁弯弯曲曲向上攀生，高21米，树身周长3.8米。

第3章
与我们生活密切相关的大树

金叶连翘，绽放在春季的灿烂花朵
金达莱，为饮食提味增香的花
竹子，既不是树，也不是草

金叶连翘，绽放在春季的灿烂花朵

| 木樨科落叶阔叶灌木 *Forsythia viridissia var.koreana* |

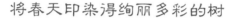

将春天印染得绚丽多彩的树

无论是乡间还是城市，最常见的树就是金叶连翘。寒冬过后，金叶连翘就迫不及待地绽放金黄色的花朵，将春天映照得明亮美丽，因此金叶连翘多种植在家里或学校的篱笆里。静静地观赏，会发现金叶连翘比想象中更美，但是因为实在是太常见了，以至于人们未能发觉其美丽。

在中国，人们认为金叶连翘开满金黄色的花朵，看起来就像是一条金黄色的带子，因此别名叫作"黄绶带"。而在西方，金叶连翘的名字更美，因其黄色的花朵看起来像是一座黄金做成的钟，因此被称作"Golden Bell"。

雪岳山上生长着一种稀有植物叫作"卵叶连翘"，和金叶连翘十分相像，叶片比金叶连翘略宽。还有一种常见的被称作"白连翘"的朝鲜白连翘，比金叶连翘略小，但是更早开出白色的花朵。白连翘只在朝鲜生长，是稀有植物，忠清南道贵山和镇川等地已作为白连翘的原产地指定为天然纪念物被保护起来。

金叶连翘冬季开花的秘密

金叶连翘当然是要在春季开花了。但是，偶尔也能在寒冬看到连翘金色的花朵。因为金叶连翘生理性特征，也会出现这种情况。金叶连翘开花，可以说是出现在冷峭冬季的一丝让人怜惜的黄色。就如同动物们要冬眠一样，植物们也要在阳光稀少的冬季制造充足的养分来储备过冬。只在冬天进行仅仅可以维持生命的最低限运动。

养分不足的时候，开花是一件更加困难的事情。因为相比其他运动，开花耗费更多的能量。因此植物们会分泌出一种叫作"脱落酸"的激素来促使叶子掉落，抑制细胞生长进而抑制植物开花。脱落酸在寒冷的季节会促使植物长出鳞叶来保护稚嫩的花芽不被冻伤，脱落酸一点点分解直到整个冬季过完才会消失。冬季过后，抑制花开的脱落酸就全部消失不见，这时候植物才能开花。

但是，金叶连翘与其他植物相比脱落酸较少，因此冬季结束之前，脱落酸就已经使用殆尽，没有可以抑制植物开花本能的脱落酸，因此金叶连翘才能在依旧寒冷的季节里绽放。

连翘的悲伤传说

有一个和连翘花有关的悲伤传说。古时候，一个贫困的家庭里有个叫作连翘的女孩，她和她的弟弟以及她的父母一家四口住在一起。但是，有一天，连翘的父亲生病去世了，而在此时，母亲又生下了一个不满十月的孩子。年幼的连翘为了因早产备受艰辛的母亲离开家去讨米。

连翘带着讨来的米忙着生火煮饭，但是已经饿了好几天的弟弟却耐不住饥饿，把要给母亲的米饭吃光了。连翘不知道该怎么办，只是一个劲儿地哭，哭着哭着就睡着了。连翘睡着的期间，灶台里的火蹿了出来把他们的家给烧光了，连翘一家四口也未能幸免，在大火中都丧生了。

第二年，连翘家的地基上一棵之前没见过的树开始扎根生长，树看起来和连翘一家人一样瘦、一样矮。不久之后，树上开出四瓣的黄色花朵，人们认为这种花好像是连翘一家人围绕在一起，因此称这棵树为"连翘"。

金叶连翘叶 叶对生，呈长椭圆形，基部较尖，叶缘具锯齿或全缘。

金叶连翘花 早春时节，花朵先叶开放，4裂片。雄花和雌花分开生长，但是不容易分辨。雌蕊1枚，雄蕊2枚，其中雌蕊退化后比雄蕊小的花就是雄花，反之，雌蕊花柱比雄蕊花柱长的花就是雌花。

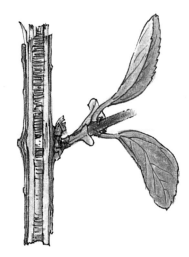

金叶连翘树干 一般来说，树木树干中充满着坚硬的木质，但是切断金叶连翘的树干看会发现里面是中空的。金叶连翘和与其类似的卵叶连翘（木樨科）树干都是中空的。

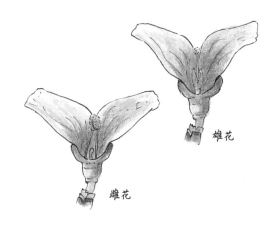

金叶连翘的雌花和雄花 金叶连翘的雄花和雌花不授粉也可以通过扦插来繁殖。因为长期以来的人工扦插繁殖，很难见到金叶连翘的雄花和果实。因此最常见的金叶连翘花是雌花。

金叶连翘篱笆

八角金盘篱笆

枳橘篱笆

金叶连翘篱笆 金叶连翘多被乡村家庭用作树墙。春天，黄澄澄的花朵沿着篱笆绽放，成为乡村不可多得的一道美景。除此之外，人们还会搭建长有荆棘的坚硬枳橘（芸香科）篱笆，南方也有八角金盘（五加科）篱笆。

金达莱，为饮食提味增香的花

| 杜鹃花科落叶阔叶灌木 *Rhododendron mucronulatum* |

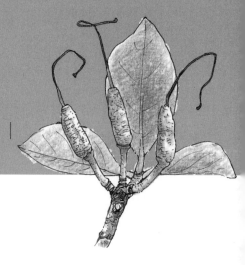

贫瘠土壤上最先扎根的树木

金达莱又名迎红杜鹃，是朝鲜的国花。阳光丰富，水分充足的土壤对于树木来说当然是最佳土壤。但是，金达莱无论在何种条件的土壤中都能茁壮生长，进一步说明，就是在对树木生长不利的土壤中，金达莱也能最先抢占生长空间。金达莱在贫瘠的土地上，比其他树木更早扎根，慢慢地将土壤中和。在荒废的土地上一点一点地吸收水分长出叶子，叶子凋零后腐烂，重新变成金达莱生长所需的肥料，这个过程循环往复，逐渐地，贫瘠的土地变成其他树木也可以扎根生长的肥沃土地了。金达莱可以说是牺牲了自己，跟其他树木一起制造形成森林所需的肥沃土壤。

根系短浅，石头缝中也能生长的花

金达莱只有历经过寒冬才会绽放，在温暖气候或是长期接受炙热阳光的地带无法生长。相反，在岩石密布或是高大树木遮阴下温度不高、湿度大的土壤中会更好地生长。这是因为金达莱的根系短浅，一不小心根部吸收的水分就会被蒸发。

金达莱可以长到两米。冬季第一场霜降之后，金达莱的叶子全部凋落，但是南方生长的金达莱在冬季依旧挂满叶片。因为金达莱茸毛般的须根无法深入土壤深层，在浅薄的土壤中也能生长。甚至可以在石缝中或是岩石上堆积的一丁点泥土中扎根生长，金达莱就是这样坚韧的树木。

既可做花煎又能酿酒的美味花

在韩国，因为金达莱的花可以食用，因此也被称作"真正之花"。从古代开始，朝鲜民族就将略微发酸的金达莱的花叶放入各种各样的饮食中帮助食物提味。金达莱花叶酿成的杜鹃酒、铺有金达莱花瓣的糯米煎饼、放有金达莱花瓣的五味子甜茶等，这些都是金达莱做成的美食，有着十足的花香。但是，现在因为农药污染严重，很难放心去食用金达莱花。

樵夫和仙女的凄美故事

有关金达莱的传说有很多，其中有一个传说讲的是樵夫和仙女女儿的故事。

天庭中的仙女来到人间种植花朵，不小心在悬崖边上跌落了下去，正好有一位樵夫路过，将受伤的仙女带到了自己家中。被樵夫的善良感动的仙女与樵夫生活在一起并生下一个女儿。孩子的名字就叫作达莱。但是，仙女接到天庭的命令要返回天上，只留下樵夫一人单独抚养美丽的女儿达莱。

第二年，村子里一个残暴的官员上任了，他想要把达莱占为己有，达莱从始至终都没有答应。气急败坏的恶霸官员杀掉了达莱。樵夫紧紧抱着死去的达莱，悲痛地哭死过去。这个时候，达莱突然不翼而飞，天空中像鹅毛大雪一样洒下红色的花朵，花朵将樵夫埋了起来，成了一个花冢。

之后，每年到了早春时节，樵夫的花冢上都会绽放红色的花朵，花朵里饱含着樵夫和女儿的恨，这就是金达莱的故事。

金达莱花 花期3-4月，先于叶子开放，当然也有叶子先长出的花。2～5朵着生于枝顶，雄蕊10枚，雌花花柱比雄蕊花柱长，并向上微微弯曲。

金达莱叶 叶片基部和顶端较尖，呈椭圆形，叶缘全缘，长3～7厘米。

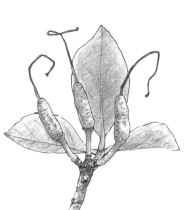

金达莱果实 果期9-10月，2厘米左右大小，圆筒状，内有种子。

大字杜鹃 和金达莱类似，很容易混淆。但是，大字杜鹃的叶子和花同时生出，花瓣上具红色斑点，有毒，不能食用。

竹子，既不是树，也不是草

禾本科常青阔叶乔木 *Phyllostachys*

60年间只绽放一次便终结生命的儒生

你见过竹子开花吗？竹子总是大面积开花，有60年或120年只开花一次的特征。一株竹子寿命长了有20年，也有很多竹子一生还未开花生命就已经结束。

竹子一旦开花，便会枯死。或许看到竹子花开的姿态可以猜得到原因。竹子的花朵在叶生长的地方，花开时与其他植物一样要消耗大量的养分，如果要补充被消耗的养分就要不停地进行光合作用来提供养分，但是问题是在应该生长叶片的位置开出了花朵，就没有可以进行光合作用的叶片了。因此一旦竹子大面积枯死，要想恢复到之前的竹林至少需要十年以上的时间。

因此，从古时起，人们就认为竹子开花是不吉利的事。但是在全罗北道，人们认为竹子开花并结果是丰年的征兆。世界上所有的文化都是类似的，对竹子的认识也因地而不同。

既不是树，也不是草

竹子看起来像是树，但是事实上，竹子既不是树，也不是草。竹子的干要生长几十年，因此接近于树干。即使每年将竹竿砍断，每年也会长出新的竹枝，从这一点上看竹子具有草的特征，因此竹子是树是草众说纷纭。另外，竹子没有年轮，这也是难以认定竹子为树木的一个重要原因。

但是，也不能单纯地说竹子是草。草的特征是，要先长出叶片，开花结果，最后叶茎枯死。当然，也有多年生草本植物草茎枯死后，只留下根部依然能过冬。但是，竹子连续多年干都能保持生长状态，因此最终也得出"竹子不是草"的结论。树木用于建筑或家具的材料叫作"木材"，而竹子却被区别开来称作"竹材"。

制作乐器、酿酒时的重要用材

竹子生长十分迅速，甚至一天之内可以生长1米。竹子其他特征之一是竹干中空。充分利用竹子的这个特征，竹子多被用来制作短箫、长笛等需要用嘴巴演奏的乐器，也用于制作毛笔笔帽或是笔筒等。最近，人们经常将竹竿内部装入大米蒸做竹筒饭。除此之外，有时也用于制作夏季凉爽的竹枕或是竹席。

竹子之前原是生长在热带的植物，因用途广泛才被移植到北方种植。因此，目前在全世界，竹子的种类多达600多种。中国的毛竹即孟宗竹，直径约20厘米长，竹干比斑竹略矮，其竹笋味道鲜美，常用于制作美食。

淡泊气节和正直品性的象征

竹子苍翠挺拔，弯而不折，正是体现了君子的气概和儒生的气节。竹节清晰，象征着高风亮节；竹竿中空，又象征着谦虚的品格。

古时即以梅、兰、竹、菊谓"四君子"来称赞君子的高洁品德，因此这也成了中国画的传统题材。可以说，竹子千百年来一直备受人们钟爱，成为一种人格品性的文化象征。

竹子知识扩展阅读

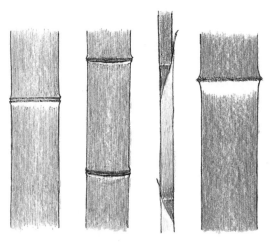

斑竹竹干　　毛金竹竹干　　赤竹竹干　　毛竹竹干

竹干　斑竹可以长到20米高，但是性喜温暖湿润气候，在寒冷地带很难生长。毛金竹比斑竹矮（10米以上），节间节度较小。毛竹竹干很粗，可达20厘米。斑竹和毛金竹竹干每个竹节上有两个干环，而毛竹只有一个。赤竹的竹干细长。

竹笋　从竹子的根状茎上发出的幼嫩的发育芽被称作竹笋。竹笋钻出地面3个月后即可长成竹子。有句俗语叫作"雨后春笋"，指的就是竹笋在春天下雨过后一下子长出很多。

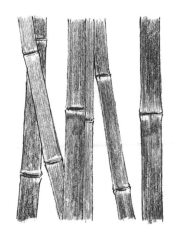

竹干黑色的紫竹　毛金竹是紫竹的变种。紫竹在竹笋冒出后的晚冬开始，干逐渐先出现紫斑，最后全部变为紫黑色，因此被称作紫竹，也叫乌竹。江陵乌竹县因乌竹而得名。

竹子的根状茎　根状茎在地表下呈水平状生长，外形似根，同时形成分枝四处伸展。竹子的根状茎发达，错综复杂，起支撑竹干的作用。一般来说，根状茎会在地下伸展，但有的根状茎会先长出地面再重新伸入土壤中。

竹林 竹子的根状茎不断萌发，会形成一片竹林。风吹过竹林的清脆悦耳的声响成为竹林一大美景，因此人们说竹子是要用双耳来欣赏的植物。古时君子常在后山上种植竹子，一边读书一边聆听风吹过竹林的声响。

第4章
花朵美不胜收的大树

木兰，何时何地总是流露出忧伤
山茶花，色彩艳丽，花繁锦簇
梅花，深山幽处，疏影暗香
流苏树，花开四月雪，倾城亦倾国

木兰, 何时何地总是流露出忧伤

| 木兰科落叶阔叶乔木 *Magnolia* |

花朵朝着太阳的反方向毅然绽放

水分、空气和阳光是植物生长必需的三要素。但是,有一种花却很独特,朝着太阳的反方向北方开放,这就是木兰。面朝着阴冷的北方义无反顾地开放正是木兰的代表性特征之一。为什么会这样呢?木兰早在寒冷冬季就已经吐出了花苞,一整个冬天,花苞朝向阳光充足的南方,外壳比朝向北方的花苞生长得更加坚实。因此,花苞内的南侧的花瓣比北侧的花瓣要更加矮胖。等到冬季过后,到了花开的春天,南侧的花瓣率先绽放,充当花苞的支柱。北侧的花瓣较晚绽放,力气弱小,被南侧的花瓣气势压倒,自然而然便朝下低垂。最终,形成南侧的花瓣高耸,晚开放的北侧花瓣倾斜的姿态,看起来就像是朝北方绽放一样。

木兰历经寒冬,花朵于长叶前开放。但是,遗憾的是,人们才刚刚感受到华丽绽放的木兰花之美,它就已经开始慢慢凋谢了。叶子长出之前,木兰花在光秃秃的树枝上孤独地绽放,然后悄声凋落,无论何时看到,木兰花仿佛总是弥漫着一种淡淡的忧伤,还有一丝不为人知的孤独。

在放有木兰花的卧室里睡觉会有生命危险

可以通过播种方法培植木兰。木兰根部脆弱,在移植时一定要保护好根部防止其受损。木兰可以长到15米,虽然木兰花朵美丽,但其叶片宽大,弥漫清香,因此特别适于栽种在庭院中。木兰叶片凋零之后,冬季树枝上会冒出冬芽,上面有软软的茸球,别有一番风味。

木兰的特点之一就是花香浓郁。古人十分喜爱木兰的花香，雨季点燃木兰，可以发出清香驱散房中湿气，因此家家常备木兰木。飘落的木兰叶可以用来泡木兰茶，香气重的树皮还可以制作芳香剂。

但是，每个民族对香气的感觉是不同的。例如，美国印第安人认为木兰香是十分不吉利的，他们说，"在放有木兰花的卧室里睡觉会有生命危险"，因此即使是在木兰树荫下也不能睡午觉。

美丽公主未果的爱情故事

有一个木兰和美丽公主的传说。古时候，有一位公主，她深爱着北海之神，但是神已经结婚了，公主知道这是一段没有结果的爱情，因此投身于大海中结束了自己的生命。

很久之后，北海之神知道了公主凄美的爱情故事，将躺在大海中的公主捞出，埋在朝阳的地方。之后，海神一直叹息爱情的虚妄缥缈，内心极其痛苦。在他身旁的海神之妻同样为自己的处境感到悲伤无助，因此服下毒药，也结束了自己的生命。

海神看到因为自己结束生命的夫人感到无比悲痛，在公主墓冢旁新建了墓冢埋葬了夫人。不久之后，公主的墓冢旁开出一种花，花朵就像是公主的皮肤一样雪白圣洁。埋有海神夫人的墓冢旁同样也绽放出一种红色的花朵。这就是白木兰和紫木兰。

这仿佛是两个深爱着北海之神的女人灵魂幻化成了两种花朵，面朝着北方开放，似乎在传达着对海神的思念之情。

木兰知识扩展阅读

天女花 天女花在夏季绽放清秀的白色花朵，盛开时花朵朝向地面。可在山间偶然寻得。

白木兰的叶和果实 叶片互生，呈卵形，基部楔形。木兰的果实大部分拳头大小，鼓鼓圆圆的，与木兰花呈现完全不同的感觉。

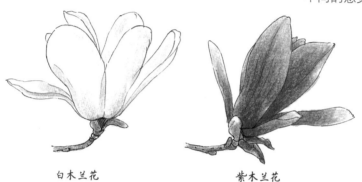

白木兰花　　　　　　　　紫木兰花

白木兰和紫木兰 常见的白木兰（Magnolia denudata）产自中国，韩国的木兰有天女花（Magnolia sieboldii）和日本辛夷（Magnolia kobus），另外花朵紫红色的紫木兰（Magnolia liliflora）也是从中国引进。

白木兰的冬芽 木兰在冬季早些时候就已经吐露花苞，其外层包有严严实实的茸毛帮助其防御寒冷。

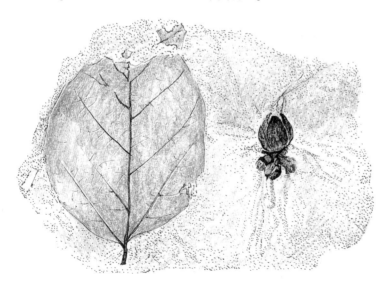

木兰化石 木兰分布于北美洲、东亚和喜马拉雅山。在欧洲和格陵兰也发现了木兰的化石。木兰花多出现于白垩纪和第3纪。白垩纪大约开始于1.4亿年前，木兰是古植物，可以说是活着的化石。

花序是什么?

花梗（花柄所在的茎）上花朵排列的模样叫作花序。

四照花

球状花序
花无梗，多数花集生于一花托上，形成状如头的花序。看起来类似花瓣的部位不是花瓣而是苞片。

栗子花

柔荑花序
花轴较软，柔韧，下垂，像是长长的尾巴。

泡桐花

聚伞圆锥花序
花轴上分有多个小枝，每个小枝上都有花。

刺槐花

总状花序
花轴单一，较长，各花的花柄大致长短相等，自下而上依次着生有柄的花朵。

花冠是什么?

花冠，是一朵花中所有花瓣的总称。花瓣联合的花称合瓣花，花瓣分离的花称离瓣花。

金达莱花

泡桐花

木瓜花

白木兰花

合瓣花
金达莱的花瓣看起来好像是分离的，但是仔细看就会发现花瓣是联合在一起的。泡桐花同样也只是末端稍微分开一点点而已。

离瓣花
木瓜花和白木兰花的花瓣完全分开，因此是离瓣花。

71

山茶花，色彩艳丽，花繁锦簇

| 山茶科常绿阔叶乔木 *Camellia japomica* |

冬季艳红似火的山茶花

　　山茶花原本是在冬季开放的，但是偶尔也会在早春绽放，因此也被人们认为是"知春花"。据说山茶花的故乡是南方的岛屿。在那里，山茶花从1月份开始绽放，可以称得上是冬季开的花。但是，山茶花来到北方之后，由于无法忍受1月的寒冷，因此只有到春季才能开花。

　　山茶花属灌木，大部分可以长到7米高，但有时候甚至可以长到20米高。山茶花叶片较厚，正面光滑，有光泽，反面则呈浅绿色，无光泽。叶缘有细锯齿。

　　在韩国因山茶树林出名的地方有很多。第65号天然纪念物蔚山广域市蔚州郡温山前海的目岛、全罗南道丽水的梧桐岛和巨文岛，海南的大兴寺、全罗北道高昌的禅云寺，庆尚南道的巨济岛和庆尚北道的欎陵岛等地的山茶树林，每一处都是不可多得的美景。

既可食用也可药用，而且是无与伦比的美丽

　　山茶总是生活在我们的周围。木材易燃，因此常作为燃料使用。因材质坚硬，山茶常被制作成梳子、餐具和家具等多种多样的生活用具。另外，从山茶树种中获得的山茶油可制作护发用品，让头发柔软、有光泽。

　　山茶作为药材也有很多用处。白色山茶花泡水喝对女性健康有很大好处，将干山茶花树叶研磨后用水调和敷在跌打伤口处可很快愈合。最近，临床上以山茶油治疗遗传性皮肤过敏症取得了很大效果。

在最旺盛之时整朵花啪嗒掉落的神秘落花

　　山茶花与我们的生活关系十分密切，因此很多人认为山茶花会带来好运。但是有些地方的人却认为山茶花是不吉利之花。山茶花凋谢时不是一瓣一瓣地慢慢凋落，而是红色的花朵整个啪嗒掉落下来，或许是因为这样，人们才认为山茶花是不吉利的。而济州岛的人们则认为山茶花掉落的状态正如同砍下罪犯的头颅，因此更是认为不吉利。甚至有人认为，在庭院里栽种山茶花会招来小偷。（译者注：我国的山茶花凋谢时是一瓣一瓣地掉落，而不是整体掉落。此处原文中的山茶花指的应是日本的"椿"，或许是本书作者将山茶花和椿弄混了。）

　　但是我们祖先大部分却认为将山茶树制作成木棒挂在家中可以驱除恶鬼。另外还有一种迷信传说，据说传播传染病的鬼藏身于山茶树林中，而这些鬼会被山茶花啪嗒整体掉落的声响吓死。因此在日本，人们相信将山茶树做的木棒挂于腰间可以预防传染病的发生。

山茶和暗绿绣眼鸟的传说

　　有一个关于山茶和暗绿绣眼鸟的传说。相传，古时候有一个贪恋王权、残暴凶狠的国王，他没有子嗣可以继承王位。无奈之下，他决定将王位传给自己的侄子。但是，事实上，这个国王讨厌侄子，因此想要将所有的侄子都消灭掉然后自己继续霸占王位。国王的弟弟察觉到了国王的心思，因此将自己的儿子送到远方。但是，国王最终找到了逃亡的侄子并试图将其杀害。这时候，国王的弟弟为了阻止儿子被杀，自己献身于国王的大刀之下。父亲的鲜血挥洒的瞬间，他的儿子变成了一只小鸟飞向了天空，存活了下来。不知道是不是上天也发怒了，一道闪电劈向了国王的头顶。

　　第二年，父亲死亡的地方开出了一株红色的山茶，有一只暗绿绣眼鸟在树旁搭建鸟巢。那只变成小鸟飞向天空的儿子无法忘却父亲的爱，因此才回到大地，与山茶树形影不离地待在一起。这就是一个父爱感天动地的传说。

山茶知识扩展阅读

白莲寺山茶树林（第151号天然纪念物）
韩国有很多有名的山茶树林。其中全罗南道
康津郡白莲寺后山的山茶树林规模最大，历
史也最悠久，十分壮观美丽。

落花 花瓣和花蕊正是最美丽最应景的时候，
突然一天，啪嗒一声，整个花朵掉落了。花朵
凋落后，正如同红毯铺开一般，花枝整个染上
了红色。因为是合瓣花，花瓣不是一片片分离
的，因此花朵整个掉落下来。

山茶花 花瓣5片，枝梢顶端和叶腋处无花梗。但是原种山茶花中有叶片呈7片或重瓣的山茶。

暗绿绣眼鸟 羽色美丽的小鸟与山茶成为了伴侣。暗绿绣眼鸟，眼圈呈银白色，鸣叫声悦耳动听，比麻雀体形略小，栖息于长有山茶树的山脚。有时会捕食山茶树上的小昆虫，有时也以山茶花的花蜜和果实为食。山茶花无香味，但花色缤纷，吸引了暗绿绣眼鸟与其做伴，同时为其提供花蜜作为代价。

山茶树果实 山茶果同栗子大小，草绿色，球状，成熟时呈褐色，完全成熟后3瓣裂。山茶果里面的种子比松子略大。

梅花。 深山幽处，疏影暗香

蔷薇科落叶阔叶乔木 *Prunus mume*

儒生坚贞不屈气节的象征

同竹一样，梅花同样是需要用心来观赏的植物。但是，欣赏梅花时的韵味又与欣赏竹子时的韵味是不一样的。据说要欣赏梅花隐隐约约的香气，必须在儒生安静的房间或是寂静山寺的庭院中。

这与多少有些嘈杂的竹林韵味是不同的。古人说"闻香"，指的就是在幽静的氛围中，才能体会到梅花那种暗香浮动的韵味。

隆冬时节，梅花"凌寒独自开，为有暗香来"，因此象征了"不屈的气节"、"脱俗高洁"，也象征了君子各种品性。因此，自古以来就有很多关于梅花和君子文人的故事。例如，中国晋朝司马炎曾说"好文则梅开，废文则梅谢"，故梅花有"好文木"之称，意为"喜好作文之木"。

战胜干旱寒冷的坚韧之树

梅花的故乡为中国四川省。虽曾生长在温暖、潮湿的地域，但因其可抵御干旱和寒冷，在全国各地都能很好地生长。梅花根系较浅，因此栽培梅花需选择排水性好的土壤。

梅花引种到韩国的具体时间没有记载，但是在高丽时期，已经有了梅花的记录。

梅花为"梅兰竹菊"四君子之一。同时与松树、竹子合称为"岁寒三友"，因这三种植物在寒冬时节仍可保持顽强的生命力而得名。

既可酿酒又可入药的梅花

梅花的果实主要用来做梅子酒。因为梅子中含有很多对胃脏有益的成分，因此在胃不舒服的时候喝一杯梅子酒十分有效。

中药学中将梅花未成熟的果实以烟火熏制，做成"乌梅"。乌梅常用作止泻和驱除寄生虫的药材。若不用火熏，而用盐水浸泡晾干后表面有盐霜形成，叫作"白霜梅"。

梅子的种子研成粉末食用可明目。将未成熟的梅子在火上长时间煎熬成膏药状制成梅子膏，是治疗消化不良、呕吐、痢疾和腹泻的特效药。但是，梅子中有毒，因此食用未成熟的梅子会腹泻，应多加小心。

钟情梅花的画家

朝鲜时代的画家檀园金弘道无比钟情梅花。当时他家境贫穷，吃了上顿没下顿。但是，有一天，他突然想要种植一株梅花树。

刚好，当时他的画作卖了3000两银子，于是金弘道用了2000两买了株梅花树，剩下银子中的200两拿来买了粮食，最后的800两银子请朋友们喝酒。因为他拥有了一株梅花树，实在是一件值得大家一起庆祝的事情。

正所谓独乐乐不如众乐乐，儒生们不独自享受梅花之幽香，而是和朋友一同分享梅花之美妙。

梅花知识扩展阅读

梅树的果实　花朵凋谢后不久，5-6月份即结出散发清香的草绿色果实。梅子直径2～3厘米，呈椭圆形，完全成熟后变为黄色。味道苦涩，不能生吃。梅子成熟之前，可酿酒腌制食用。未成熟的青果被称作"青梅"。

梅树的花　4月份，梅花先叶开放，呈淡粉红色或白色。花瓣5片，每节1～2朵。同樱花相似，但樱花的花梗细长，挂在花柄上，而梅花花梗短小，看起来好像贴在花枝上。梅花品种不同，颜色和形态也多种多样。

君子之风　品若梅花出傲骨
在凛冽东风之中傲然绽放，暗香浮动，梅花被看作君子品节的象征。因此梅花技压群芳，被认为是四君子第一位。此画作是朝鲜画家古蓝田琦（1825-1854）所画的《梅花草屋图》，图中描绘了漫山遍野的梅花如同洋洋洒洒的白雪般的美景。

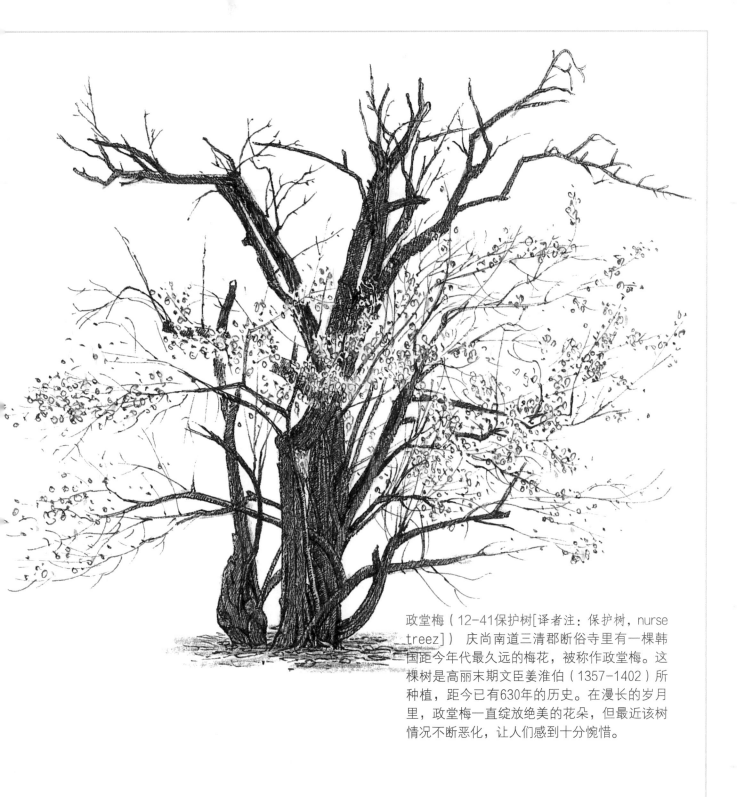

政堂梅（12-41保护树[译者注：保护树，nurse treez]） 庆尚南道三清郡断俗寺里有一棵韩国距今年代最久远的梅花，被称作政堂梅。这棵树是高丽末期文臣姜淮伯（1357-1402）所种植，距今已有630年的历史。在漫长的岁月里，政堂梅一直绽放绝美的花朵，但最近该树情况不断恶化，让人们感到十分惋惜。

韩国的梅树和固有名称

古人以梅为贵，因此给梅树起了很多特别的名称。包括带有自己独特名字的政堂梅在内，还有南冥曹种植在庆尚南道三天斋的南冥梅，江原道江陵乌竹轩的栗谷梅，庆尚南道梁山通度寺子酱梅，朝鲜孝宗李淏（1619-1659）时代曾任职领议政的李敬舆在忠清南道夫余种植的童子梅等很多梅树。

流苏树，花开四月雪，倾城亦倾国

木樨科落叶阔叶乔木 *Chionanthus retusus*

20天内鲜花绽放，持久弥香

流苏树花冠裂片又细又长，成簇开放，形似穗子，犹如古代仕女服饰上的流苏，因此得名流苏树。另外，流苏树俗称"四月雪"，因为每年农历四月开花，花如白雪。 其学名Chionanthus即为"雪花"之意。

流苏树在每年农忙开始的插秧季节绽放。一旦绽放，持续时间较长，不会很快凋谢，因此在5月初到6月份都可以看得到流苏树的花。

流苏树花清秀典雅，馨味宜人。花朵凋谢时，正如同白雪一样簌簌飘落，落花同樱花凋谢一般美丽。一般来说，较为高大的树木花朵不会太过艳丽，但是流苏树不是这样。按理说流苏树这般姿态优美的植物花朵通常都会很小，花朵的颜色也多半呈浅绿色或草绿色等类似叶片的颜色，十分不起眼，因此才很难看到银杏树和杉松这种乔木的花朵。但是，流苏树植株可高达20米，挺拔优美，却满树开遍白雪般的花朵。流苏树花开的景色绝对是无比美丽与壮观，相信见一次便难以忘怀。

跻身世界范围内最美的树

流苏树在中国、韩国和日本都有分布，但在世界范围内却不多。流苏树在我国中部以南的地区自然生长，因其花朵美丽，也常被人工栽培种植。流苏树性喜温暖，耐寒耐阴。

最近，流苏树的美已广为人知，流苏树也多被培植栽种，用于庭院观赏树和行道树。因此在城市公园和街道旁随处可见流苏树。流苏树可通过播种育苗，也可通过扦插繁殖。流苏树适应性较好，很好成活，因此只要用心栽培，城市中也可以观赏到其美丽树姿。

在韩国，流苏树意为"白米树"，因为满树的白花远远看去就像是白色的大米粒，或许因为这样在韩国流苏树被当作可预测丰年的植物。流苏树花繁锦簇，则预示当年为丰年，花开不繁盛则意为凶年。到底今年上天给不给大家更多的米饭吃呢？想想古人认真地通过流苏树花开占卜丰年凶年的模样，不由得嘴角上扬。

这虽然应该是长期从事农业的人们总结出的经验，但是在科学上却不完全是错误的。流苏树花开的季节，如果气候好，自然满树白花，播种之后，生根发芽，当年必定是丰年；如果气候不好，种子无法正常发芽，收成不好，自然会是凶年。

饱含儿媳之"恨"的白色花朵

流苏树身上有一个故事，故事里包含了一个女人对米饭的哀怨之情。传说古时候有一个善良的儿媳妇，儿媳妇很勤劳，但是婆婆却对她总是刁蛮刻薄。

有一天，家里举行祭祀，照理说，儿媳妇要向祖先们呈上一碗白米饭。但是儿媳妇一直以来只做五谷饭，难得做一次白米饭，总是担心做不好，心里七上八下。米饭快熟的时候，儿媳妇就掀开锅盖尝尝米饭，看看米饭是不是焖好了。正在这时候，婆婆进来厨房看到了这一幕。因此，婆婆以儿媳妇偷吃敬给祖先的米饭为由，将儿媳妇狠狠地折磨了一顿。儿媳妇内心十分委屈，也没有地方倾诉，于是在后山上吊自杀了。

第二年，儿媳妇墓冢上长出了一棵树。这棵树枝叶繁茂，高大挺拔，开满白花，正如同儿媳妇当年做的那碗白米饭一样。村里的人们都说，因为这个儿媳妇内心怀着对米饭的"恨"，死之后才化身成了这棵树。因此，在韩国流苏树才被称作"白米树"。

流苏树知识扩展阅读

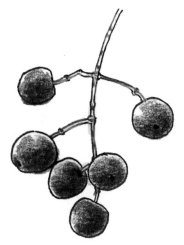

流苏树的花和叶　4-6月份，新长出的嫩枝上展开细长的花朵。上端花瓣4裂，下端合在一起，为合瓣花。每枚裂片长15~20毫米。雄花有两个短小的雄蕊，雌花无雄蕊，只有一枚短小的雌蕊。叶对生，呈长椭圆形或倒卵形。

流苏树的果实　10-11月份为果期，果实呈蓝黑色，长约1厘米，呈椭圆形。果期较长。

请仔细观察植物的叶!

植物通过叶进行光合作用和呼吸。叶总体分为叶片、叶柄和托叶，具备这三部分的叶称作"完全叶"，如缺叶柄或托叶的称作"不完全叶"。一般来说，蜜腺着生于花朵内部，但也有的着生于花朵外部。着生于花朵内的蜜腺叫作"花蜜腺"，着生在花朵外面的蜜腺叫作"花外蜜腺"。

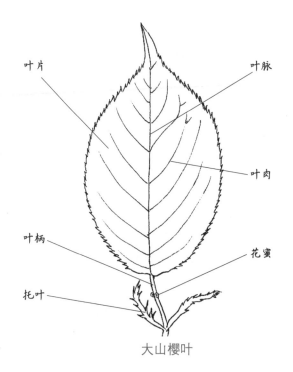

叶片　　　　　叶脉

叶肉

叶柄

花蜜

托叶

大山樱叶

双岩面流苏树
（第36号天然纪念物）
在韩国有7棵流苏树被指定为天
然纪念物。尤其是全罗南道昇
州郡双岩面的流苏树，正如同
守护着当地的农业一样，枝叶
繁茂，巍然站立在村庄入口处
的亭子旁。看起来正像是水墨
画中的景色一般美不胜收。

第5章
婀娜多姿的树木

杉松，佳木成林，壮阔雄伟
柳树，枝干低垂，随风摇曳
圆柏，香气怡人，醒目提神
槐树，儒生般的姿态和秉性
鸡爪槭，一树红叶，印染秋天

杉松，佳木成林，壮阔雄伟

松科阔叶针叶乔木 *Abies holophylla*

以高耸入云、雄伟端正的姿态站立

杉松树干笔直，朝向天空挺拔生长，众树成林的场面极其雄伟壮阔。但是，即使杉松孤木耸立，依然可以感受到其独有的美感。那种姿态正如同在纷争的乱世中清高脱俗，毅然坚持着自己的原则和秉性一般。

或许是因为杉松威风凛然的形象，在韩国的寺院中经常栽种杉松来赞誉业绩伟大的大师。另外，有时也会在寺院入口处成排种植杉松，两侧笔直延伸的杉松散发着凌人的气势，给拜访神圣寺庙的游客留以余韵。可以说，在韩国所有寺院里都可以看得到杉松的身影。

杉松可以算得上针叶树木中树身最高、最雄伟美丽的树木了。尤其是在白雪漫飞的冬季，冷杉在山中依旧郁郁葱葱，笔直耸立，这种壮美是其他树木无法比拟的。

冷杉的树干砍断后可见"奶"一般的白色乳汁。

木材也好，药材也好，甚至是圣诞树，百变杉松

杉松极其耐寒，在高山上也能生长。幼苗时期，生长较缓慢，但十年后渐加速生长，比其他树木生长更快。或许是因为提前在自己生长的土壤中打好了地基后才能如此奋力生长。40米高的杉松抵御公共污染的能力较弱，因此在城市中很难见到。

杉松也算得上用途最多的树木了。树干笔直，树瘤不多，不易腐烂，木质坚硬，是制作木梁和柱子的最佳木材。不仅如此，杉松木质轻便，纹理优美不扭曲，香气宜人，也多用于制作家具、窗框和窗棂

等。因其纤维质丰富，也很适合制作纸张和衣料。

杉松是制作圣诞树的首选，因其树干笔直，树枝耸立不向下低垂，整体呈圆锥形。另外，杉松叶子茂盛，端正整洁，与各种装饰品也都很搭配。

杉松自古以来常被作为药材使用。用杉松的树叶和树枝煮水洗澡，对治疗感冒和关节炎很有效果。在伤口和脓疮处涂抹树干的松脂，可很快痊愈。但是，最近，相比这些药用价值，杉松更多用于观赏和点缀美景使用。

迷路的农夫和引路的精灵

8世纪，日耳曼人还保留着将人当作财物贡献给杉松的风俗。当时，从德国来的基督教传教士指着一棵挺拔的杉松说："把那棵树带到家中庆祝孩童耶稣的诞生吧。"于是基督教开始传播开来。之后，人们不再把人当作礼物献给杉松，而杉松也开始作为圣诞树这种庆祝树被广泛使用。

也有其他有关圣诞树由来的故事。相传，古时候，森林里住着一个农夫和他的女儿。女儿非常喜欢和森林中的精灵一起玩耍。但是，有一年，圣诞节前夜下起了鹅毛大雪，下雪前进山的农夫迷路了。他看到某处在一闪一闪发光，于是农夫走了过去，但是一靠近火光，火光就远远地躲开了。

停停走走几次后，农夫看到了远处明亮的灯火。那是女儿为了等待父亲悬挂在杉松枝头的烛火在闪闪发光。是那些小精灵们用微弱的小火光引领着农夫走出了森林。从那时起，人们为了在圣诞节前告知迷路的农夫，便在杉松上挂满一闪一闪的装饰灯来庆祝圣诞节。这就是有关圣诞树的美丽传说。

杉松树叶 呈深绿色，有光泽。叶片紧簇着生于树枝，先端较尖。长约4厘米，宽约2毫米，比松针略小。叶片背面覆有灰白色气孔。

叶背面

杉松果实 长10～12厘米，呈长圆筒形。果期约10月份，朝向天空笔直结果。成熟之后，果鳞和种子同时脱落。果实外面附着一层黏黏的松脂。11月份，果实只留有内部果柱，果鳞全部脱落。种子呈淡褐色，卵状，长约12毫米，宽约6毫米，具种翅。若第一年挂果数量过多会引起第二年数量减少或不结果，隔年结果现象严重。

朝鲜冷杉

朝鲜冷杉和日本冷杉 与杉松关系亲密的树木有日本冷杉、朝鲜冷杉、臭冷杉和鱼鳞云杉等。朝鲜冷杉是韩国特有树种。日本冷杉与杉松相似，但叶片先端呈二叉状。

日本冷杉

来苏寺的杉松林 多棵杉松聚集在一起形成森林
时，景色更加雄伟壮观。韩国的杉松林中最有名
的是江原道平昌郡月精寺的杉松林和全罗北道扶
安郡来苏寺的杉松林。

柳树，枝干低垂，随风摇曳

| 杨柳科落叶阔叶乔木 *Salix* |

带有鬼火的鬼树

柳树喜水，常在水边等湿气较重的地方生长，树干很容易腐烂，因此会有很多飞虫钻入树干上腐烂的大树洞内。那些飞虫进入树内，如果无法出来就会死在树洞里面。

时间久了，死掉的飞虫在树洞内腐烂，昆虫的尸体中含有会发光的成分"磷"。磷在下雨天或潮湿天气中更容易发光，看起来就像是火焰在隐隐飘动，因此也被称作"鬼火"。而因柳树上有特别多的鬼火，才被称作"鬼树"。

柳树成荫，最佳行道树

韩国有30多种柳树，其中最常见的柳树有朝鲜柳、垂柳、腺柳、龙爪柳和细柱柳等。枝条细长，随风摇曳，花如同动物尾巴一样，这是它们共同的特征。

柳树的雌花和雄花单独开放，为雌雄异株。雌花上的果实带有白色棉毛，棉毛可以帮助种子向远处飘去，但是棉毛在飞行过程中也会带上其他灰尘一起飞散。

柳树不仅仅能在公共污染严重的城市生长，而且可以净化空气，非常适合做行道树，但是柳树种子上的棉毛让人有所忌惮。然而，柳树成荫，婀娜多姿，枝叶随风摇曳，是不可多得的美景，因此在世界范围内作为行道树广泛种植。

90

从阿司匹林的原料到爱情的表达

自古以来，人们将柳树当作药草使用。目前我们所用的解热止痛的阿司匹林，其原材料就是从柳树上获取的。柳条被用于制作筐和簸箕。据说，将煎炒的食物盛放在柳条做成的簸箕中，水分和油脂会被柳条簸箕吸收，食物味道香脆、有劲道，不失原味。

古时候，消毒牙齿时也要用到柳树，杨柳枝是最早的洁齿工具。刷牙时，用牙齿咬开杨柳枝，里面的杨柳纤维就会支出来，好像细小的木梳齿，可以用此刷牙。

古时，女子与相爱的男子离别时，常折柳枝送给爱人，以寄挽留之意，盼其早日归来。另外，旧时给母亲办丧事，初丧时儿子须挂柳树枝做成的哭丧棍，挂得树枝越短越算孝子。因为母亲是女子，将其比喻为柳树，另外也因为柳树正如同母爱一般温柔美丽，才有了这个习俗。

柳树身旁不长竹子的原因

越南有一个关于柳树的传说。相传，某个村子入口处并排种植着一棵柳树和一株竹子。有一天，柳树和竹子之间落下了一颗蔓藤种子。蔓藤踉踉跄跄，想要攀附在竹子上，但是竹子担心自己的竹干会受伤，因此拒绝了蔓藤攀着自己向上爬的要求。于是，蔓藤请求一旁的柳树，柳树友好地将柳枝伸向了蔓藤。

时光流逝，蔓藤一直攀爬到了柳树树顶，绽放出白色的花朵，与柳树浅黄色的花朵交相辉映，十分美丽。不仅如此，蔓藤的花朵上还散发出一种神秘的微香。

村里的人们欣赏着柳树和蔓藤交织缠绕的美景，决定将一旁的其他树木全部砍除。自然，竹子也被连根拔起。据说，从此之后，柳树一旁便不再生长竹子了。

柳树知识扩展阅读

腺柳果实   腺柳树叶

腺柳 寿命可达数百年，树枝粗而结实，茂密繁盛，树姿优美。因此在韩国腺柳被称作柳树之王。生长于溪边或湿地等水域。叶片呈椭圆形，互生，新叶呈红色，叶缘具腺状锯齿。

柳树叶 柳树不仅在井水边可形成绿荫，而且其茂盛笔直的根系可以净化井水，因此多在井边种植。柳叶呈椭圆形，两端渐尖。

青松郡注山池腺柳 腺柳中有完全生长于湖中的树。庆尚北道青松郡注山池中有数十株历史悠久的腺柳。

枝条摇曳、美丽多姿的朝鲜垂柳 柳树是随处可见的树种，有细柱柳、朝鲜垂柳、红皮柳、龙爪柳、杨柳、耽罗柳和腺柳等几十种。其中，朝鲜垂柳朝向地面生长，随风摇摆，十分美丽。龙爪柳如同一条飞向天空的龙一般，枝条盘曲，姿态别致。

朝鲜垂柳的果实 果穗上结出满满的长圆筒形果实。果实成熟后，种子上带有柳絮，可随风飞散。

朝鲜垂柳的叶 柳树中枝条低垂的树种只有朝鲜垂柳和垂柳。因对公共污染和寒冷有很强的抵抗力，因此多被用作为行道树种植。叶片互生，两端细长渐尖。

圆柏。香气怡人，醒目提神

柏科常绿针叶乔木 *Juniperus chinensis*

枝干散发独特香气的东方树种

据说，古时起，我国谦谦君子常在庭院前种植圆柏。另外，圆柏也常被种植在寺院中。圆柏的根部虽然无法在地下深处延伸，但因其须根发达，在干旱的土壤中也能很好地生长。

圆柏的种子主要借助鸟类等飞禽传播到四面八方。如果人们想要直接通过播种种植圆柏，就要同鸟儿将树种吞在肚中一样，从冬季到春季，将种子埋在地窖中，萌发后种植。比起播种种植来，扦插的圆柏更容易成活，最好在雨季扦插。

圆柏树枝上散发出独特的香气，它同松树、银杏树、榉树等一样都是寿命较长的树木。或许是因为圆柏树枝上的清新香气仿佛可以祛除人们生活中的一些肮脏气息，人们认为圆柏很神圣。因此，古代具备高洁品质的君子们和僧人们才多在庭院和寺庙中种植圆柏。

圆柏主要生长于韩国中南部地方，但据说不是野生的，而是人们引种培植的。在韩国，只有在郁陵岛可见自然生长的圆柏。圆柏常见于中国、韩国和日本海边地带，因此是象征东方的树木。

缅怀故人的守护树

古代主要是从树上提取香气。代表性的树木就是圆柏。尤其是，圆柏树的香气不仅可以醒目提神，人们甚至认为其香气可抵达天边。因此，人们把圆柏当作是人与天之间联系的重要手段。佛家在举行仪式和祭祀时要点燃香火，或许也是出于这个原因。

在古代，圆柏也是生活必需品。人们为了获取散发更高级香气的圆柏而费尽心机。甚至当时有传言说，将圆柏埋藏在无人的海边可以获取最高级的香气。

另外，圆柏也被认作是可以缅怀和守护故人的树而被广泛种植。最初，人们的想法是，用圆柏树香祛除墓冢中散发的难闻气味，但是后来，圆柏变成种植在墓冢旁的代表性树木。除此之外，农民为了祈祷丰年或渔夫为了祈祷渔业丰收而举行祭祀的地方，也种植圆柏。

作为僧人的手杖，圆柏依旧赫赫有名

古时起，因以圆柏为贵，树龄长的圆柏处处可见。在曾经祈求丰收和君王举行祭祀的韩国首尔先农坛，有一株超过400年的圆柏。在曾祈祷渔夫们平安归来渔业丰收而举行祭祀的庆尚北道蔚珍郡竹边里的圆柏也很有名。另外，庆尚北道青松郡安德面及京畿道南阳郡阳地里等地的墓冢处，也可见圆柏身影。

全罗南道顺天郡松广寺附近一处叫作天子庵的小庵堂的两株圆柏也很有名，两棵圆柏就像是双胞胎一般紧贴着生长，因此被称作"双子圆柏"。

圆柏是800年前普照国师知讷的弟子湛堂国师从中国带来的。当时，他把随身带着的手杖和圆柏放置在一起，决定用圆柏来制作手杖。或许是因为看到了圆柏弯弯曲曲向上生长的枝干，觉得印象很深刻吧。

根据山林厅的资料，韩国现存活的历史最为久远的圆柏是郁陵岛道洞的一棵圆柏，据说该圆柏就像是被劈开一半似的，紧贴在悬崖峭壁上生长。它扎根于石缝，全身呈扭曲状态，遥望着道洞港。据推测，该树树龄已超过2000年。1985年，在经过韩国南海岸郁陵岛的台风布伦达的影响下，该树的两个大树枝已被折断，一时面临生命危险。但是，周边的居民为了拯救这棵象征郁陵岛的大树，作出了种种努力，最终该树重新恢复了健康。

圆柏知识扩展阅读

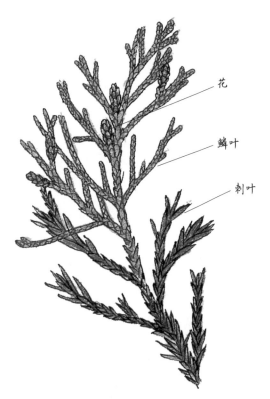

花

鳞叶

刺叶

圆柏果实 春季开花，来年冬季结出深褐色果实。果实同小孩子手指甲大小，圆球形，每个果实中有2～4粒种子。种子经过鸟类排泄物传播。

圆柏的叶和花 叶有刺形和鳞形两种。刺叶主要着生于圆柏下方的幼枝上，鳞叶末端柔软圆秃。花期4月，同株上的雌雄花分别开放。雄花呈红褐色，多枚簇生于花枝，约3毫米大。雌花比雄花略小。

龙柏 圆柏有很多种。形如塔的铅笔柏、树干分为多枝的圆锥形龙柏以及树干屈曲匍匐的真柏等。

圆柏的变种 即使不做人工修剪，枝条也自然地向一侧伸展，正如同蹲坐在一侧那样，低矮地摊开，因此也被称作"蹲坐着的圆柏"。主要分布于庆尚北道，是韩国的独有树种。多种植在江河海边以保护堤坝。

昌德宫圆柏（第194号天然纪念物）
该树树龄达750多年，高约20米，如
同盘龙一般，树枝弯曲，姿态十分独
特。左侧的树枝向地面低垂下来，末
端部分看起来像是一只猴子。

圆柏的繁殖 圆柏的种子要传播到远
方需要借助鸟类和动物的帮助。鸟
类消化掉果实的外壳，将排泄物连
同种子排出体外，种子便可传播到
新的地方生根发芽。种子被覆盖在
排泄物中，经过鸟类肚中促进消化
的酸性消化液充分腐蚀，种子可从
中获取生根发芽的营养。

槐树，儒生般的姿态和禀性

豆科阔叶落叶乔木 *Sophora japonica*

恰似君子的品性，备受君子的喜爱

槐树的外部形态蕴含着君子般的品性和风度，这是谁也无法否认的。槐树不被某种特定的规则所拘束，以自由和独特的姿态生长。正如同开创了超越先人、独树一帜、继往开来的求学之路。

在漫长的岁月里，槐树一直为君子看中，被称作"学子树"和"君子木"。据说，人们甚至在搬家时都要把槐树纳入搬家目录里面。不仅如此，与一般家庭在后篱笆内栽种的树木不同，槐树一定要种植在前院里。西方似乎也能从槐树的风采中感受到学者的气息，因为槐树的英文名称为"Scholar Tree"。

槐树的别名有很多，因原产于中国，也被称作"国槐"、"家槐"。

正大光明的象征

槐树在中国古代是立身出世的象征。据说，君子为了纪念升官晋职，要在自家庭院里种植一棵槐树。槐树是当时莘莘学子心目中的偶像、科举吉兆的象征，槐树一度也成为宫廷符号和官位别称。有时，人们认为槐树可以带来幸福，因此也称其为"幸福树"。

不仅如此，槐树是智慧的正直的象征，据说要在下达重要判决的审判机关内种植槐树，以彰显"正大光明"之意。在中国北京等地常可见到槐树被作为行道树大量种植。

从天然染料到药材，用途多种多样

为了后代儿孙中会有人做大官，古人常在自家庭院、门前、屋后栽种三棵槐树以期应"三槐"之兆。另外，也有人把槐树当作神灵来供奉。

年代久远、树干粗壮的亭子树代表树木有榉树、银杏树、腺柳和槐树。这些树木在全国各地可见，尤其是在历史悠久的村庄更容易寻得到。

夏季开花的槐树花称作"槐花"，花朵绽放之前，摘下花蕾泡入水中，水呈淡黄色。这是天然染料的重要材料。花朵在阳光下充分晒干后冲泡，具有降血压的功效。这是因为花中含有芸香苷（芦丁）成分。

果实作为药材有多种用途。可清热，久食可明目，对学子改善视力有很大帮助。另外，槐树树干笔直，木质坚硬，有润泽，也被用于建造房屋，制作上好书桌。

树龄长达1000多年的古槐

槐树对公共污染和寒冷都有很强的抵御能力，在全国各地都可以生长培植。因此，可以在韩国仁川、釜山和庆州等城市看到被指定为天然纪念物的槐树。另外，首尔狎鸥亭洞行道树中也有很多槐树。但是，槐树喜阳光充足、肥沃的土壤，在500米以上的高山地带很难生长。

因此，包括被指定为天然纪念物的槐树，以及山林厅指定为保护树的共173棵槐树中京畿道有50棵，庆尚北道有56棵。另外，江华岛的附属岛屿乔桐岛中有一棵超过1000多岁的古槐，该树是韩国最久远的槐树。

槐树树叶　叶片似刺槐，略小，顶端渐尖。长3～5厘米，小叶7～17片。羽状复叶，长15～25厘米。同为豆科的刺槐和山皂荚也属羽状复叶。

槐树花　7-8月份开花，着生于新枝末端，呈乳白色，直径约1厘米。花朵模样不一，挂于15～30厘米的圆锥形花序上。中国唐代有句俗语"槐花黄，举子忙"，看到槐花便知离"秋闱"时间不远了，因此学子更是要努力备考了。

槐树果实　花凋谢后，10月份，果实成熟，呈金黄色。长5～8厘米，荚果念珠状或豆荚状，成串结果。

冬季海美邑城的槐树　海美邑城的槐树被称作"乎也树"，该树是朝鲜时代对天主教徒们施行绞刑时使用的凄惨命运之树。因此人们也称其为"绞刑木"。该树虽未被山林厅指定为保护树，但是自1975年开始，天主教会方面给该树腐烂的部分进行了外科手术，并帮助其在附近繁殖，保存它的"后代"。

唐津郡松山面槐树
（第317号天然纪念物）
朝鲜仁祖时代（1623-1649）
曾任职领议政的李用宰为了祈
祷多子多孙而在家门前种植了
这棵槐树。该树历经300多年，
依旧生机勃勃，高达20米。可
以说是韩国最美的槐树。

鸡爪槭。 一树红叶，印染秋天

槭树科落叶阔叶乔木 *Acer palmatum*

越是水分不充足、温差大，枫叶越是美不胜收

为什么每到秋天，枫叶会呈现红色呢？秋天，为了进行光合作用，给树木制造养分的叶绿素渐渐地被破坏了。天气变冷，随着气温降低，帮助叶片呈现绿色的叶绿素被破坏，整个叶片便呈现黄色或红色。这时候，因为槭树的叶片中出现红色的色素"花青素"，因此叶片染成红色。只有进入秋季，水分减少、温差加大，枫叶的叶片才能印染成美丽的红色。

槭树的种类有很多。包括紫花槭在内，还有茶条槭、小楷槭、色木槭和拧筋槭等200多种。其中，在韩国最常见的是紫花槭。另外，还有从中国引进的三角槭，从美国引进的银白槭、羽叶槭，从春天新叶到冬季落叶一直呈现红色的日本红枫。

因各种槭树名称和叶片形状都不一样，因此很难辨识到底是不是属于槭树科植物。但是它们有一个不太突出的共同点。槭树科植物的果实带翅，就像是一对蝴蝶翅膀对折一样。秋季，枫叶飘落，结出累累果实，如果看到果实上像是成串悬挂着蝴蝶一般的情景，可以推测这棵树属于槭树科。

花纹优美，制作家具和乐器的好材料

加拿大因枫树而出名，国旗上也绘有枫叶，甚至最具代表性的食物也首推由槭树树液制成的枫糖浆。在韩国也有同糖枫一样可以取得树液的槭树，那就是槭树科中最高大的色木槭。每年3月份也可以取得色木槭的树液。树干承受不了树体内的压力，裂开后，一点一点地流出液体，就这样可以获取色木槭的树液。但是因树液对于人体健康有益，初春时节，色木槭全身上下要承受人们的折磨，伤痕累累。

树液被提取再多，对于色木槭的生命也不造成威胁。但是，树液在树根到树叶之间不断循环，是维持树木生命不可或缺的要素。因此无节制地提取树液对于树木的健康成长无益。

不仅仅有树液，槭树还有其他用途。槭树木材花纹优美，细密结实，是制作地板的绝佳材料。另外，也多被用于制作小提琴等弦乐器的背板。英国以槭树制作啤酒杯，据说此种酒杯极其贵重，代代相传。

耐寒，却无法忍耐盐分和公共污染

槭树生长极快，耐寒，但是对盐分和公共污染却抵抗力很弱。韩国的槭树中，内藏山和雪岳山以及汉拿山的槭树是最值得一看的。其中，以雪岳山为首，中部地带的槭树为紫花槭，而内藏山和汉拿山的槭树为鸡爪槭。

韩国最高大的槭树在仁川市江华岛的传灯寺。在传灯寺进入法堂的途中，有一处雅致的两层楼阁，那棵槭树就在其旁边。该树树身高大，别处很难见到，树干呈多枝向一侧伸展，无法推测到底有多少枝，十分壮观美丽。

考虑到该树的保存价值，不久之前，据说该树即将被指定为文化遗产。但对该树进行严密的调查研究后发现，树根部分是由两棵以上的槭树合并在一起共同生长的。因此，无法认定该树为文化遗产，确实令人遗憾。但是，民间人士却认为这棵巨大的槭树是一株。该树植物学价值略有不足，因此无法认定为文化遗产，但毋庸置疑，该树在韩国是最大、最特别的一棵。

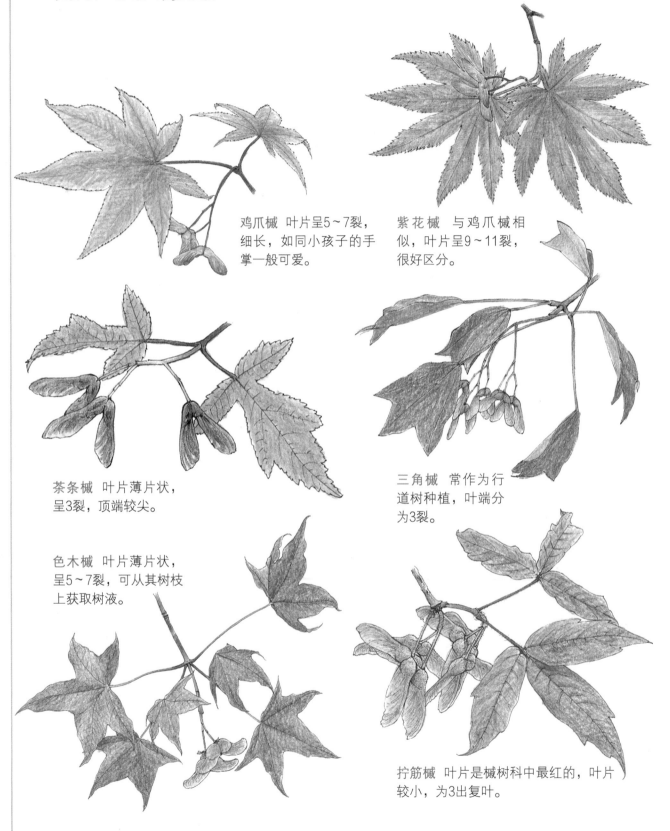

鸡爪槭　叶片呈5～7裂，细长，如同小孩子的手掌一般可爱。

紫花槭　与鸡爪槭相似，叶片呈9～11裂，很好区分。

茶条槭　叶片薄片状，呈3裂，顶端较尖。

三角槭　常作为行道树种植，叶端分为3裂。

色木槭　叶片薄片状，呈5～7裂，可从其树枝上获取树液。

拧筋槭　叶片是槭树科中最红的，叶片较小，为3出复叶。

远足的果实和种子

果实和种子要想生根发芽长成参天大树的话，就要降落到离母树远远的地方。因为它们很难同母树这种高大的树木争夺阳光和营养。因此，果实和种子有多种方式传播到远方。

松鼠丢失的橡子

动物们可以帮助果实和种子传播到远方。松鼠冬眠期间，会将越冬的食物橡子埋藏在土壤里面。但是，自己却常常忘记埋藏的地点。因此，这些被遗忘丢失的橡子就会生根发芽，成长为大树。

种子独自传播的植物

有的植物的种子，不借助动物、水和风也可以进行传播。野凤仙花和凤仙花的果实成熟后外壳自行爆裂，将种子弹出，自播繁殖。

在水面上漂泊的椰子

生长在水边的树木会将果实或种子送到水面上。这种果实可以漂浮在水面上不会腐烂。椰子是椰子树的果实，硕大的椰子在水面上漂浮着，漂到其他的岛屿上生根发芽。

乘风飞翔的果实

果实小而轻便的树木会借助风力将果实送至远方。槭树的果实上有翅膀，可以乘风远行，只要降落到合适的地点就会生根发芽。

第6章
果实用途广泛的大树

柿子树，红叶如醉，丹实似火
　日本栗，毛刺刺的美味果实
木瓜树，树姿优美，丑果飘香
　　胡桃，奸臣带来的香甜果实
桃树，桃之夭夭，灼灼其华

柿子树，红叶如醉，丹实似火

柿树科落叶阔叶乔木 *Diospyros kaki*

"喜鹊饭"后面那一抹秋日天空之美

柿子树既不笔直雄伟，亦非专横跋扈，树枝简单地向四面八方伸展，只是平淡端正的一种姿态。长挑的树枝弯弯曲曲，随风挥动轻轻扫过晴朗的秋日天空，温柔而多情。平凡伸展的树枝上如同搭着一个喜鹊鸟巢，又是一番别味景色。或许是因为人们常常采摘柿子，因此鸟类不会在柿子树上搭建鸟巢。

晚秋时节，每个村庄的每棵柿子树枝头无一例外都会挂着一两个熟透的红色柿子，这就叫作"喜鹊饭"。

可以说这是人们将吃不完的果实留给喜鹊等鸟禽，也可以说人们是因为那几个果子是挂在高枝上，因而放弃采摘留下的。无论出于何种原因，这都是多情美丽的柿子树的冬日风情。

世界范围内超过200多种的东方之树

柿子树在世界范围内有超过200多种。其中，在中国、韩国和日本生长数量最多，因此可以说是东方的代表树木。

韩国柿树科植物有柿子树和君迁子，因为不耐寒，因此主要种植在京畿道以南的中南部地区。但是据说朝鲜通过培植柿子树来获取柿子。

柿子树扎根较深，移植时应多加注意。若生长茂盛，可高达15米。但是，或许是因为结果耗费了较大力气，与其他树木相比寿命较短。也或许是因为生长地离人类居住地较近，被人类破坏较为严重的缘故。

既是坚实的木材，又是天然染色材料

古时起，柿子就是人们爱吃的零食，同时也是中药里面重要的药材。据说，果实成熟后，将柿子去除柿蒂，放置在阳光下晾晒后煎熬服下，可抑制打嗝和止泻。

树干材质笔直有弹力，散发高级的黑色光泽，自古以来就被当作珍贵的家具材料。尤其是树心黑色、质地坚硬的柿树木材在韩国被称作"乌梯木"，据说十分珍贵。目前，充分利用柿树的弹力性，柿树常用来做高尔夫球杆坚硬的杆头。

作为天然染料，柿树也有其重要用途。未成熟的青柿可将纸张和布匹染成红褐色，尤以济州岛人们工作时穿的葛衣而有名。葛衣是济州岛的特有服饰，使用棉或是棉织物制作的韩服上衣、裤子等衣服，然后用青柿汁搓洗后，在太阳下面晒干，过一周或是十天左右，水分完全脱干的同时在太阳下又引起脱色而制成。葛衣不会被水浸湿，也不会被荆棘刺破，十分坚韧和实用。

1年内可观赏到五种色彩的树木

秋季，枝繁叶大、树冠开张，柿叶红似丹枫的柿树作为亭子树是毫不逊色的。因此，生长在房屋密集的农村小巷入口处的高大柿树对人们来说是绝佳的休息场所。

据说，如果用心观察柿树的话，1年之内，可以从柿树上观赏到五种不同的色彩。树干的黑色、叶片的绿色、花朵的黄色、果实的红色、柿饼的白色，因此有人也称柿树为"五色树"。

古时候，人们对柿树赞不绝口。尤其柿树有七种优点，在中国《尔雅》中被称作七绝，即"一寿、二多阴、三无鸟巢、四无虫蠹、五霜叶可玩、六佳果可实、七落叶肥滑，可以临书"。

与其他树木相比，柿树并不是特别长寿，也不是不招虫。另外，若说是鸟巢和叶片肥大宽阔，也比不上梧桐树。但是，美味的果实、宽阔的绿荫和迷人的红叶毫无疑问是柿树身上的三宝。可以说，"七绝"是古人对柿树之美的一种略微夸大的赞美。

柿子树果实　一般来说，霜降之前结果。此时，会将一两个柿子留在枝头给鸟类做食物。尤其是，留鸟喜鹊常会啄食，因此也被称作"喜鹊饭"。柿子晾干后可制作柿饼。

柿子树的叶和花　可将柿树叶子蒸干冲水当茶饮。晚春，着生于叶腋之上的柿树花虽涩但微甜，也可冲泡。花淡黄色，无花梗。

晾晒柿子制作柿饼

宜宁郡百谷里的柿树（12-10-9保护树）

韩国目前现存活的柿树中，最大的树是庆尚南道宜宁郡百谷里的那棵450岁的柿树。该树高28米，树身周长4.8米。另外，年代最为久远的柿树是在庆尚南道山清郡南沙村，该树是朝鲜世宗时代（1397-1450）生活在南沙村的河演先生所种植，树龄已超过620岁。柿树与我们生活十分亲密，但却没有一棵被指定为天然纪念物，仅有11棵被指定为保护树。

日本栗，毛刺刺的美味果实

壳斗科落叶阔叶乔木 *Castanea crenata*

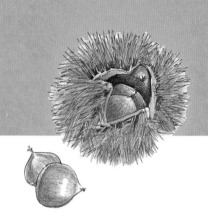

栗果上带刺的原因何在

栗果上满满的都是毛刺，一定要多加小心，防止被刺扎到。其他树木的果实都借助动物扩散到远方繁殖，而日本栗却不同。

尖尖的刺上面藏着秘密。在果实中包裹着种子和美味部分（即果肉），动物们不吃果肉，而是吃种子，这样才能通过排泄物帮助种子传播到远方。但是，栗子里面我们要吃的部分恰恰是种子，如果被动物吃掉，那么种子就会消失了。如果栗子很容易被动物吞食的话，那么栗树早就灭种了。因此，栗果上才长满硬硬的毛刺来保护种子。

虽耐热、耐旱，却不耐寒

日本栗可长到20米高。平安南道以南的地区栗树为野生，但是如果想要获取栗果，则需人工培植。通过播种繁殖，7~10年可结果，但若与山中野生的日本栗嫁接培植的话，4~6年可结果。30多年的日本栗树上结果最多。

如果想要获取更多栗果，最好是与山中野生的日本栗嫁接培植。日本栗幼苗时期树皮较薄，树心材质水分大，常在冬季因冻伤而死掉。在培植日本栗时，最需要注意的一点就是越冬。事实上，挑选山中野生的树木进行嫁接，也是要挑选可独自抵御冬寒的健康树种。

日本栗作为木材有多种用途，若想取得好木材，最好是通过播种培植。因其喜光，根系深，适合生长于土壤深厚、排水较好的向阳地，另外日本栗也耐热、耐旱。

祭祀时必须呈上的孝子树

栗子虽然可以生吃，但是一般来说，还是要通过煮和烤食用，有时做八宝饭时也会放入栗子。另外，去除外壳后晾干的栗子可益气健脾，厚补胃肠，也是延缓人体衰老的保健果品。蜜蜂吸食栗树花粉制成的蜂蜜也是上等蜜。栗树花蜜色泽较浅，香气较浓，口感略凉。

栗树叶片可防止大米生虫。据说因栗树叶中含有防虫成分，在米桶中放入几片栗树叶后，不会生米虫。

除了栗树的果实外，栗树的用途也很多。栗树木材防水防潮，在世界范围内被广泛应用于铁道枕木。除此之外，也被用于制作结实的农用工具，如马车、臼棒等。

将栗子连壳种植在土壤中才会生根发芽。如果是其他树木，种子的外壳会腐烂消失，但是栗树的根茎部之间会长时间悬挂着栗子的外壳。人们甚至夸张地说，栗子的外壳会悬挂100年。也就是说，栗树是不忘本和祖先的树。因此，人们更加珍重栗树，甚至有将栗子呈上祭祀桌子的传说。

栗谷李珥和1000株栗树的故事

朝鲜时代的大学者栗谷李珥（1536-1584）主张"栗树实在论"，他认为作为战争时期的战备粮食非栗子莫属。这里有一个和李珥先生成长有关的栗树的故事。

李珥先生的母亲申师任堂（1504-1551）怀有李珥的时候，算命的说"如果不在后山栽种1000棵栗树，孩子将来会大凶"。听到这种言论，申师任堂不能置若罔闻，因此努力在后山种植栗树。

孩子出生后，到了5岁的时候，有一位僧人出现了，他说要看看后山的栗树，结果发现，1000棵栗树中不见了一棵，只剩下999棵。但是，僧人背后突然冒出一句话："我也是栗树"。猛然一看，原来是一棵与栗树相似的多花泡花树。因此，这样算来总共是1000棵栗树，于是，李珥先生也就安然无恙地长大了。

栗树知识扩展阅读

宁越金钟吉家屋（江原道第71号文化遗产）
1872年间建造的老房子。一般来说，在人们经常出入的大门旁边不会种植像栗树这种果实带刺的植物。但是，奇特的是，金钟吉家屋门口两侧却耸立着两棵巨大的栗树。

日本栗果实　被坚硬外壳包裹的果实9月份开始成熟。长约3厘米，栗果外覆有硬刺，内有1~3枚栗子。

"多脉水青冈"（Fagus multinervis）与"多花泡花树"（Meliosma myriantha）

外形和名字十分相似，很容易混淆。多脉水青冈与栗树同属壳斗科植物，但是生长在海边和岛屿地带的多花泡花树比栗树要矮，是属于青风藤科的另外一种植物。（译者注：前者韩文直译为"你也是栗树"，后者直译为"我也是栗树"）

日本栗的花　6月份，同株的雌雄花分别开放，我们常见的挂于枝端的细长低垂的花为雄花。雌花着生于雄花下面，常3朵簇生开放，十分不起眼。花开时散发腥味，很容易辨识。

雄花

雌花

日本栗的叶　呈长椭圆形，互生。叶缘处呈波浪状，有锯齿，先端针状，渐尖。

木瓜树，树姿优美，丑果飘香

| 蔷薇科落叶阔叶乔木　*Chaenomelessinensis* |

树木自愈的智慧

最近，出于保护树木的考虑，产生了树木医院和树木医生等专门机构和专门人员。但是，要寻遍山间和平原上受伤的树木并对其进行治疗是一件不可能的事。

高龄木瓜树干上总会有腐烂的树洞或是深深的伤疤。如果仔细观察的话，你会发现，伤口周围的树皮在长时间内慢慢地融化，形成保护周边伤口的模样。

树木无法开口疼痛呻吟，也无法去问病寻医，它们独自默默地治疗自己的伤口。只要不是树干折断难以维系生命的状态，大部分的树木都可以自我治疗，存活下去。这不禁让人深思为了自愈而用尽全身力气的大自然的伟大生命力。

优美树皮，冬季也备受喜爱

木瓜树的故乡是中国，全国各地都有栽培，木瓜树的树皮尤其美丽，一年四季都可观赏到。木瓜树皮光滑，具褐色斑纹，即便是萧萧的秋冬季节，木瓜树依旧别有一番韵味。

春季绽放出的粉红色花朵，毫不逊色于任何一种春花。因此，古时起，木瓜树多被种植在亭子旁，为春天的气息锦上添花。5月份，花朵不会一次性全部凋谢，相反，还会不间断地持续开花，因此这也为那些欣赏缓慢美学的古代君子所认可。

木瓜树喜温润地带，因此，多生长在韩国南部，因其培植较容易，中部地带也多有种植。木瓜裂开后会露出黑色种子，秋季将种子播种，春天很快就会生根发芽。另外，也可通过扦插种植，移植大树也能很好地成活。只是，木瓜树不喜阳光过于充足的地方。

丑果无法食用，但香气诱人

木瓜让人吃惊三次。第一次，人们看到木瓜的果实，会因果实丑陋大吃一惊，之后，会因诱人的香气与其丑陋的外表不一致而吃惊，最后会因为香气扑鼻想要食用却无法食用而吃惊。

秋季成熟的木瓜黄灿灿的，古时起可用来煮茶或泡酒喝。另外，木瓜也是治疗咳嗽和哮喘的药材。但是，因为香气袭人，多被用于制作芳香剂。

木瓜树木质坚硬，纹理柔和，也被用于制作家具和物件。古人常使用的衣柜等的制作材料就是木瓜树。

守护好生之德的果实

木瓜形似甜瓜，意为"结在树上的甜瓜"。在中国，木瓜有个别名叫作"护圣瓜"，这里有一个关于木瓜树的有趣故事。

相传，古时候，有一位僧人正在过独木桥，桥上有一条蟒蛇。他十分为难，因为作为僧人是无法杀生的。这时候，独木桥旁边的木瓜树上扑通一声掉下来一只木瓜，正好砸在蟒蛇的头上。受到惊吓的蟒蛇掉落到独木桥下，僧人安然无事地度过了独木桥。

最终，木瓜树帮助僧人坚守了佛教的好生之德。也就是从那时起，人们把木瓜称作"护圣瓜"，意为"守护好生之德的果实"。

木瓜树知识扩展阅读

木瓜树的叶　互生，呈长卵状或长椭圆状，触摸有皮革般硬质感觉。

木瓜树的果实　木瓜外表疙疙瘩瘩，果肉坚硬，无法生食。但是，香气比其他果实更加诱人，让人震惊。

木瓜树的花　春季，粉红色的木瓜花灿烂夺目，因此为了赏花，在城市中也多有种植。花瓣和花萼均为5枚，花朵内侧颜色更为鲜红。

带有老树皮的木瓜树干

老树皮剥落的木瓜树干

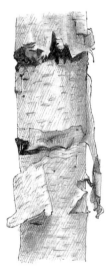

白桦树树干

木瓜树树干　树木长得越高，树干也会相应做出回应。这时候，树干上呈皮片状剥落，每棵树也都略有不同。木瓜树树干具斑驳纹，剥落时成块掉落。但是，白桦树树干剥裂时呈薄纸状一层一层脱落。

智异山华严寺九层庵僧房的木瓜树顶梁柱　木瓜树树干姿态优美，木质坚硬，是高级木材。
九层庵僧房直接使用了刚砍下的树龄达100岁的笔直高大的木瓜树树干充当顶梁柱。当然，
其他地方也可见木瓜树作为建筑材料建造的建筑物，但是九层庵僧房这种将树干的原生态
保留下来直接当作顶梁柱使用的建筑物不多见。

胡桃，奸臣带来的香甜果实

胡桃科落叶阔叶乔木 *Juglans sinensis*

由奸臣之手引来的植物

胡桃来到韩国有着不光彩的历史，是借奸臣之手引进的。最初将胡桃带到韩国的人是试图将高丽出卖给中国元朝的奸臣柳清臣（？－1329），他曾在中国尝过胡桃，觉得味美好吃，因此在忠烈王（1236－1308）16年间（1290年）将胡桃苗和种子带到朝鲜。胡桃原产在亚洲西部，当时是胡人居住的地区，因此取"胡"字命名。胡桃的果实似桃子，因此得名"胡桃"。

扎根于肥沃的土地之上

胡桃树与其他阔叶植物相比，更加喜欢肥沃的土壤。因其扎根焦森，要种植在土壤深厚的地方，若想获得更多果实，则需在胡桃树苗之间留出宽敞的间隙。因为如果胡桃树根系之间相连缠绕的话，就不能得到很好的生长，故而也不能结出更多胡桃。

人们种植胡桃树主要是为了从树上获取胡桃，但有时因胡桃树枝叶繁茂，树身高大，寿命长，也可作为亭子树。事实上，有一个地方甚至因在亭子旁种植胡桃树而命名为"胡桃亭"。

中国开始种植胡桃树要始于2000年前。据说是汉代派遣出使中亚的张骞带来的。据此可以推测胡桃树是生长于波斯地区的树。目前，胡桃树在欧洲东北部地区、南北美洲，中国、日本和韩国等全世界范围内都有分布。

果肉香甜，木质坚实

胡桃树为人们所喜爱的最主要原因应该是其果肉的美味。胡桃既可生食，也可榨油。核桃油属高端饮食用材，可有效治疗咳嗽、哮喘和便秘。

传统中医学中，胡桃一直用于治疗慢性气管炎等呼吸道疾病，神经衰弱引起的失眠、记忆力衰退等脑疾病以及关节炎等。胡桃中含有高蛋白以及丰富的助消化的脂肪成分，具有极高的营养价值。

胡桃树也是良好的木材。树干粗壮，可用于制作家具、木雕、乐器和运动器材等。黑胡桃是制作昂贵家具的优质木材。另外，因胡桃树材质坚实，可用于制作船和飞机。

胡桃是爱之果

西方人也十分珍爱胡桃。据说古罗马的爱神丘比特尤其爱吃胡桃，因此胡桃也被称作"丘比特之果"。

古罗马有一个风俗，结婚典礼结束后，新婚夫妇的家中要奏响热闹的祝福歌曲，新郎将准备好的胡桃扔向来宾，胡桃落地声越大，那么家庭就会越幸福。另外，也有在结婚典礼上向新娘扔胡桃的风俗，希望他们多多生子。在韩国传统的婚礼奉茶环节中，父母要扔栗子，这也是类似的风俗。或许是因为栗子树和胡桃树上结出的果实多的缘故吧。

最近在西方，胡桃依旧为人们所喜爱。据说，每年秋季节庆日，年轻人都会一边想着自己心爱的人一边将胡桃扔入火中。着火后，胡桃外壳会自动脱落，人们就根据胡桃裂开的模样来占卜与心爱之人有无结果。

胡桃知识扩展阅读

天安广德寺的胡桃树（第398号天然纪念物）
该树是朝鲜时代奸臣柳清臣从元朝最初带来
的胡桃树。柳清臣带来胡桃幼苗和种子，并
将种子种在天安市广德面梅堂里的老
家，幼苗正在家附近的广德寺。该树
超过700年，高达20米，但是目前
已呈现衰弱状态，不再似
壮年时般健康。

 胡桃树果实 9月结果，果实呈绿褐色相间，直径约3厘米。雌花2～3枚聚
生于枝端，果实也2～3个聚生，形似小桃子。剥开胡桃的坚硬外壳，即露
出核桃种子。

胡桃树的叶　羽状复叶，小叶5～7枚，呈椭圆形，全缘。雌雄同株，叶片冒出之际，雌花2～3枚聚生，因花小，十分不起眼。雄花着生于雌花下面，呈柔荑状低垂，长约15厘米。

核桃楸的叶　与胡桃树外形相似，叶细长。胡桃树叶柄上有5～7片小叶，核桃楸叶柄上则着生7～17枚小叶。胡桃树果序上有2～4个核果，核桃楸则聚生4～10个核果。核桃楸的果实称作"楸子"。

年轮的秘密

树木生长一年，便会产生年轮。年轮上记录着树木的很多信息。因此，根据年轮，我们可以知道树木的年龄、成长过程以及生长地的气候等。气象学者和人类学者们通过研究年轮可获取多种新的科学结论。

下侧的纹路之所以更宽是因为最初生长的几年内受到碰撞而产生了倾斜。

年轮间隙一样宽，说明几年后该树又开始笔直生长。

年轮上的间隙突然变宽了，说明周边共同生长的树木不见了，该树独占了阳光和养分。

野火烧后的疤痕。

年轮间隙变宽后又变窄，说明这几年间气候持续干旱。

桃树，桃之夭夭，灼灼其华

蔷薇科落叶阔叶乔木 *Prunus persica*

中国为桃的故乡

桃的故乡是中国华北地区600米高的高原地带。如果生长状况良好的话，可长到6米高，栽植后3年即可结果，5年进入盛果期，桃树的寿命较短，大多在20—25年。

桃树在江原道农村或气候更冷的北方无法结果。果实大多如此。同样，在雨水较多的地带生长的水果味道也不会很鲜美。降水量最少的地区之一京畿道富川市自古以来就以桃子而闻名，但是最近桃树田地都被重新翻耕，盖上了成排的高楼大厦。目前以桃子出名的地方是庆尚北道的清道和忠清南道的忠州和阴城。

虽可驱鬼辟邪，但家中却不种植

桃树需种植在阳光充足的地方，桃子的味道才能鲜美多汁。桃树可通过播种种植，但是移植不容易成活，因此最好嫁接培植。桃树耐旱、耐虫害，容易栽培。

因桃树结果较多，也被看作是多子的象征。另外，比喻世外桃源时也会提到桃花。武陵桃源指的是中国古时的武陵，当地四面八方被桃花包围，芳草鲜美，落英缤纷，男耕女织，老少怡然自得，以果为食，自给自足，是一个理想中的乐园。

但是唯有在家中不种植桃树。"桃者，五木之精也，故压伏邪气者也"，因此人们认为如果在自己简陋的家中种植桃树，会触怒神灵。另外，因为桃花红艳美丽，会引诱家中女子红杏出墙，人们也不在家中种植桃树。

全身上下各有用途的全能植物

古时相传豆蔻年华的少女们在月光下吃桃子会变得越发美丽。当然这也是有原因的，因为桃子上多生虫，人们担心少女们害怕虫子之后再也不敢吃桃，因此故意传说在黑漆漆的夜光下吃桃会变美。

中医学将桃子种子里的坚硬部分称作"桃仁"，经常作为止痛剂使用，对治疗感冒和咳嗽很有疗效。桃叶也用于治疗小儿皮肤病，桃子整个晾干做成的"桃枭"是治疗精神疾病的药材。从桃子种子中提炼的"扁桃油"可用于制作香皂。另外，桃木木质细腻，可用于制作农用器具和工艺品。可以说，桃树全身上下都有其使用价值。

汉武帝与仙桃的故事

在桃子的故乡中国，有无数和桃子有关的传说。

大约2100年前，汉武帝迷信神仙道术，到处寻找长寿之道。西王母感其诚意送给汉武帝蟠桃。汉武帝吃完桃子之后，对西王母说蟠桃味道鲜美，想要将桃子种在院子里。但是西王母说蟠桃只生长在天庭，在人间是无法结果的，仙桃3000年才结一次果，并且说东方朔曾三次偷食仙桃。

后来汉武帝虽然没能实现长生不死的愿望，但是活到七十来岁，在古代是十分稀少的，也许正是因为吃了仙桃，才能活如此久。而东方朔以长命一万八千岁以上而被奉为寿星。

桃树知识扩展阅读

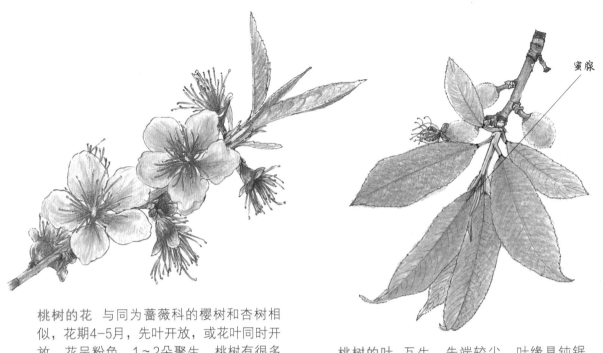

蜜腺

桃树的花　与同为蔷薇科的樱树和杏树相似，花期4-5月，先叶开放，或花叶同时开放。花呈粉色，1~2朵聚生。桃树有很多品种，其中白色花瓣呈多层绽放的桃树称作"千瓣白桃"。

桃树的叶　互生，先端较尖，叶缘具钝锯齿。叶柄具蜜腺。

桃树的果实 桃子7月份成熟，香甜多汁。因易熟不能长期储藏。但是，可制成罐头后保鲜食用。古代，人们将大麦粉熬成粥，晾凉后倒入陶缸内，再放入桃子密封来达到储藏桃子的目的。

嫁树 在树干基部分叉处放上一块巨石，称作"嫁树"。这是让果树多结果的方法之一。在树干基部分叉处放入石头就会阻止糖分向根部输送，也可以阻止根部向上输送可促进叶和树干生长发育的氮素，因此可以结更多果实。

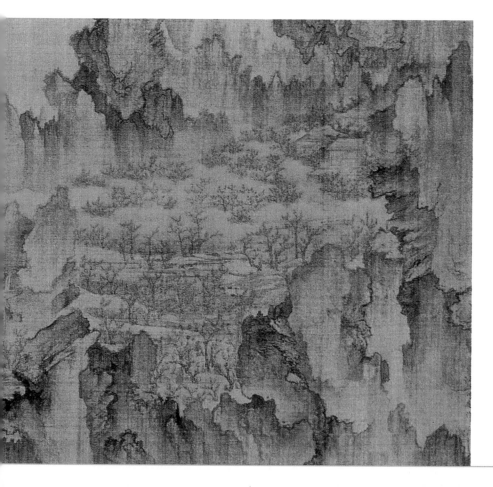

梦游桃源图 1447年4月20日，朝鲜世宗的第三子安平大君（1418-1453）做了一个梦，梦见了桃源境，那是一个像武陵桃源一般开满桃花似梦非梦的好地方。安平大君将梦中景象描述给画家安坚，并要求其以此作画。安坚三天内就完成了该画作。画作右侧可见桃花盛开之景。

127

帮助阅读本书的参考内容

参考书目及网站

고규홍, 『이 땅의 큰 나무』, 눌와, 2003.

고규홍, 『절집 나무』, 들녘, 2004.

구태회 외, 『야외원색도감-한국의 새』, LG상록재단, 2000.

김준호, 『대나무』, 대원사, 2000.

데이비드 버니, 『비주얼 박물관 식물』, 웅진미디어, 1993.

박상진, 『궁궐의 우리 나무』, 눌와, 2001.

송지영, 『화석 지구 46억 년의 비밀』, 시그마프레스, 2003.

윤주복, 『나무 쉽게 찾기』, 진선출판사, 2004.

이규배, 『식물형태학』, 라이프사이언스, 2004.

이영노, 『원색한국식물도감』, 교학사, 2002.

이우철, 『한국식물명고 1·2』, 아카데미서적, 1996.

이유미, 『우리가 정말 알아야 할 우리나무 백 가지』, 현암사, 1995.

이창복, 『대한식물도감』, 향문사, 1999.

이창복 외, 『식물분류학』, 향문사, 2005.

임경빈, 『나무백과』, 일지사, 1977.

임경빈, 『소나무』, 대원사, 1996.

임경빈, 『천연기념물-식물편』, 대원사, 1993.

임경빈 외, 『임학개론』, 향문사, 2005.

임동빈, 『일반식물학』, 향문사, 2003.

자크 브로스, 『나무의 신화』, 이학사, 2000.

장순근, 『화석』, 대원사, 1999.

전영우, 『우리가 정말 알아야 할 우리 소나무』, 현암사, 2004.

전영우, 『한국의 명품 소나무』, 시사일본어사, 2005.

홍성천 외, 『한국수목도감』, 계명사, 2002.

국가생물종지식정보시스템 http://www.nature.go.kr

문화재청 http://www.cha.go.kr

산림청 http://www.foa.go.kr

홍릉수목원 http://www.kfri.go.kr/hong-reung

编者注：参考书目在国内尚未出版，如有需要请查询原著。

手绘树木地图

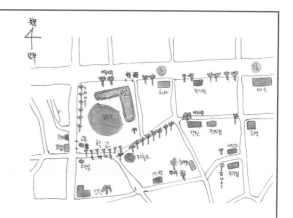

　　去学校的路上或是小区周围有很多树木。试着手绘一张树木地图吧，猜猜这些树叫什么名字，看看它们生长在哪里。

树木观察笔记

日期		花开日期	
树木名称		花色	
地点		结果日期	

叶：记录叶片的模样和特征，试着画一画叶片的形态。	花：记录花朵的模样和特征，试着画一画花朵的形态。
树干：记录树干的模样和特征，试着画一画树干的形态。	果实：记录果实的模样和特征，试着画一画果实的形态。

著者和绘者的话

　　春夏秋季过后，便是冬季。毫无疑问，树木又长了一圈年轮。年轮不仅仅是树木的年龄，而且里面记载了它所在的村庄以及所看到的人们的故事。观察大树正是要通过大树来探究树身上所承载的大地上人类的生活。这和我们寻找生命之根是同样的意义。这也是为什么我们要寻找早于我们人类在大地上扎根的那些年代久远的大树。即便是站立在辽阔平原上的一棵孤零零的树，也希望大家能从中领悟生命的和谐之美，这是出版本书的初衷。

著者 高圭弘

　　在绘制本书图片的过程中，与很多树木不期而遇。本来对我来说，树木只是树木而已。麻栎也好，三角槭也好，红松也好，也只是单纯的树名。但是观察这些树木五六个小时后，不知不觉，与这些树木成为了朋友。其间，为了观察叶片和树皮，围着小区再三晃荡，甚至跑到了山地和平原去寻找实物。有时候，也会乘坐火车远行去往农村体会乡村树木的景色。希望大家阅读本书后，也能和小区周围守护我们的树木成为好朋友。

绘者 金明坤

图书在版编目（CIP）数据

大树长大时，发生了什么？/（韩）高圭弘著;（韩）金明坤绘；王晓译.
— 北京：北京联合出版公司，2013.6（2020.6 重印）
（我的自然观察笔记）
ISBN 978-7-5502-1545-0

Ⅰ.①大… Ⅱ.①高… ②金… ③王… Ⅲ.①树木 –
少儿读物 Ⅳ.①S718.4-49

中国版本图书馆CIP数据核字(2013)第110169号

北京版权局著作权合同登记 图字：01-2013-3043号

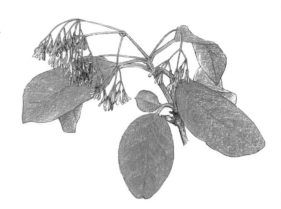

我的自然观察笔记

大树长大时，发生了什么？

著　　者	[韩]高圭弘
绘　　者	[韩]金明坤
译　　者	王　晓
责任编辑	徐秀琴　昝亚会
项目策划	紫图图书 ZITO®
监　　制	黄　利　万　夏
营销支持	曹莉丽
版权支持	王福娇
装帧设计	紫图装帧

北京联合出版公司出版
（北京市西城区德外大街83号楼9层　100088）
艺堂印刷（天津）有限公司印刷　新华书店经销
字数200千字　720毫米×1000毫米　1/16　33.5印张
2013年6月第1版　2020年6月第2次印刷
ISBN 978-7-5502-1545-0
定价：199.00元（全4册）